國際行銷管理

許 士 軍 著

三 民 書 局 印 行

©國際行銷管理

著　者　許士軍
發行人　劉振强
著作財產權人　三民書局股份有限公司
印刷所　三民書局股份有限公司
復興店／臺北市復興北路三八六號五樓
重慶店／臺北市重慶南路一段六十一號
郵　撥／〇〇〇九九九八－五號
初　版　中華民國六十二年七月
六　版　中華民國八十三年二月
編　號　S 49150
基本定價　叁元叁角叁分
行政院新聞局登記證局版臺業字第〇二〇〇號

ISBN 957-14-0465-9（平裝）

自　序

企業國際化的趨勢，在整個自由世界內，代表近二十年來最重要的發展之一。它不但改變了世界貿易和經濟的型態，而且對於政治、文化、技術等各方面，都產生絕大影響作用。因此，任何人只要關心今後企業發展的外在環境和內在策略，都無法——也不應該——忽視這一新的因素。

所謂「國際企業」(international business)，依本書所採廣義解釋，包括範圍甚廣，其中以從事國際間進出口貿易業務者，具有最悠久的歷史。這種貿易，基本上係建立於比較經濟利益之基礎上，使各國資源獲得最有效的利用。所以儘量國與國間存在有重重的障礙，但就整個貿易發展趨勢而言，仍屬有增無減。可見人類追求最大經濟效益的力量，是無可阻遏的。

不過，藉由貿易以發揮資源效用的方式，仍然是局部和有限度的。在國界兩方，係由獨立的機構或個人從事經營決策；因此，所追求的目標是分歧的，步調是各別的，而彼此間的交往，也限於貨品和價款的流通。諸如觀念、技術、人力、資金、研究發展，尤其是管理能力，都難以發生充分的交流；而對於種種人為障礙，尤非貿易方式所能克服。

但是，對於國際企業而言，在某種意義上，國界是不存在的；透過企業內部情報、組織和管理系統的運用，使得許多傳統上為貿易而設的國界限制，都失去其控制作用。自這觀點言，現代的國際企業的發展，代表人類在經濟活動方面，邁向更高一層的結合和合作。對於國際企業的母國 (home country) 和地主國 (host country) 來說，都具有極其重要的意義。至於其為利為弊，也常成為爭論的焦點。因此，無論自那一立場，均有對於這種企業予以密切注意，並求進一步瞭解的必要。

以上係自較廣泛立場，探討國際企業之發展及其意義。本書所採觀點，則較具體，此即自一管理者立場，探討其對於國際企業行銷功能 (marketing function) 的管理；提供一較合邏輯之分析構架，協助其瞭解國際行銷中所將遭遇之問題，發掘及分析關鍵因素，進而形成其個別之決策。

如本書第三章中所稱，在於國際企業各種功能之管理中，以行銷管理 (marketing management) 最富挑戰性，但對於一企業之成敗，往往也具有最大的決定作用。在以往，從事此方面的管理工作，多採聽其自然或隨機應變的方式。但隨行銷環境之愈趨複雜以及企業規模之擴大，這種傳統方式是非常危險的，自將爲較有系統與較科學的方式所代替，這也是本書所企圖說明者。

行銷之基本原理原則，本無國際與國內之分；事實上，國際行銷可視爲一般行銷原理之延伸與應用。故討論國際行銷管理(international marketing management)，乃建立在一般行銷管理之基礎上，而非取代或推翻後者。本書討論國際行銷管理，乃假定讀者對於一般行銷管理，已有基本認識與瞭解，故對於一般原理或因素之討論從略，以免重複。

本書內容共計十章。其中第一、二兩章，係提供讀者有關國際企業之若干背景知識，以爲進一步瞭解其行銷管理之基礎。特別對於國際企業中一最重要之型態——多國公司 (multinational corporation)——予以進一步說明與强調。第三章則根據一般管理程序——規劃、協調、組織、控制——對於整個行銷管理，予以整體之說明，俾讀者有一較完整之認識。此三章，可視爲本書中之基礎部份。

從事國際行銷管理，應自瞭解行銷環境入手；此種環境，包括範圍極其廣泛，舉凡經濟、文化、政治、法律各種因素，莫不和行銷活動發生密切關係，故本書第四章中皆分別予以討論。對於個別企業言，瞭解行銷環境之主要目的，在於發掘有利之市場機會，以供進一步之把握與利用，此屬於本書第五章之內容。由於國際企業進入國際市場之方式甚多，但鑒於我國內企業目前實況仍以外銷爲主，爲配合需要，有關討論亦以分析及把握外銷機會爲主。所不同者，爲所提出的一種策略性外銷規劃方式，甚値得讀者參考利用。

但是要瞭解國際行銷環境，發掘行銷機會，以及進而擬訂行銷策略，均有賴管理者獲有客觀、完整與可靠之事實情報。此種國際行銷情報之取得與利用，和國內行銷者相同，需要利用行銷研究 (marketing research) 之方法。不過，以國際市場之複雜與遙隔，利用此種方法，勢必遭遇甚多特殊困難問題。究竟有那些特殊困難，應該如何解決，這是本書第六章所嘗試說明者。

自第七章以至第十章，本書係分別針對一種行銷手段：產品規劃、分配、定價與推銷——亦即 Mc Carthy 教授所提出之 *4p's* 分類——探討其在國際行銷管理中之應用。在此，應加强調者，有兩點：第一，有關此等手段之運用，必然是根據前此數章所說明之步驟進行分析之結果；第二，此等行銷手段予以分章討論，並不表示，它們可加孤立考慮或應用，這也是一般行銷管理中所稱之「行銷組合」(marketing mix) 觀念。

最後，本書之編著，係根據作者最近兩年在國內大學企業管理研究所及大學部四年級擔任本門課程教材，整理而成，其中甚多觀點，係經過選課同學在教室內外熱烈討論而來，教學相長，誠人生一大樂事，內心甚表感謝。唯選課同學甚多，無法在此一一列舉。政大同僚洪良浩兄亦擔任同樣課程，平時交換意見及教材，獲益良多，亦表感謝。又追溯作者對於本項國際企業管理之興趣，乃緣於民國五十九年在國家科學委員會之支持下，再度赴美國密歇根大學(The University of Michigan) 企業研究院進修，在該校國際企業系 Dr. Robert W. Adams 及 Dr. Vern Terpstra 兩教授指導下，進行較有系統之探研而來。飲水思源，亦應感謝國科會所給予之進修機會以及兩教授之指導啓發也。在平時任課及寫作期間，吾妻趙鳳玲女士操勞家務，給予精神鼓勵及支持甚大，已非感謝所能言宣。又最後文稿係經政大企管系劉春美同學代爲整理抄謄，公行所研究生陳明璋擔任校對工作，幫助甚大，亦甚感謝。當然，書中如有乖誤失當之處，乃作者個人學力不逮之故，尚祈海內外方正，不吝賜教是幸。

許 士 軍

民國62年4月於木柵

政大企管系

國際行銷管理 目錄

自 序

第一章 國際企業概論

第二章 多國公司

第三章 國際行銷管理之整體觀

第四章 國際行銷環境

第五章 外銷市場之分析、選擇與規劃

第六章　國際行銷研究

第七章　國際行銷之產品策略及政策

第八章　國際行銷之分配通路

第九章　國際行銷之定價政策及問題

第十章 國際推銷與廣告

(圖表)

第一章

國際企業概論

雖然本書所討論者，屬於國際行銷管理 (international marketing management) 問題，但是從一企業之整體觀點，行銷管理不過是整個企業活動中一方面功能之管理——無論這企業所經營的，是屬於國內業務，或國際業務——則在這開始第一章中，自應先就國際企業之意義、類型，歷史發展等基本問題，予以扼要說明，以爲全書之基礎。

第一節　國際企業之意義及類型

什麼是國際企業？

似乎不同的學者，在不同場合中，常給予不同的定義。而實際上，由於今日世界上所存在之國際企業，形形色色，複雜萬分，也的確難有一個具體的定義，能夠完整地涵蓋所有各種類型的國際企業。依本書觀點，國際企業的特色，乃是相對於國內企業而言，因此，對於國際企業的界說是：「在兩個以上國家內，或彼此間，經營業務的企業」(註1)，那麼這種企業所包括的類型極其廣泛，可以從經營進出口貿易，一直到在海外直接投資，都算在內。在這定義下，依照范默 (Richard N. Farmer) 和李區門 (Barry M. Richman) 的看法，此種企業之性質，常隨其管理者爲當地人民、或外國人而有重要不同；

註1　Richard N. Farmer and Barry M. Richman, *International Business: An Operational Theory* (Homewood, Ill.: Richard D. Irwin, 1966), pp. 13-44.

因此他們將國際企業依照此一標準，分爲兩大類(註2)：

(一) 由當地人民管理之國際企業

這種國際企業所經營之業務，主要有以下幾種：

1. 進口　係由當地廠商或貿易機構等，自國外進口貨物，但供應國家之廠商並不參與貨物進口以後之管理經營。

2. 出口　輸出貨物供應國外市場需要，管理功能(management function) 並未隨同輸出。

3. 證券投資　從事賣買外國證券或公債，但並不取得或參與所投資企業之管理權。經營這種業務，由於缺乏有力法律保障，風險較大。

4. 授權 (licensing)　授權外國企業或人民使用所擁有之商標、專利或製造方法等無形資產，由使用者 (licensee) 依照合約規定支付權利金 (royalty)。授權者 (licensor) 除注意使用者有無違反合約規定外，甚少參與直接經營。即使有之，也多屬於顧問、諮詢性質。

5. 承建工程　如承建國外水壩、管路、公路、通訊、工廠等重大工程，可能包括設計和施工在內。經營這種業務，在承建期間，常由國外機構派遣管理及技術人員負責工程進行；但工程完成後，則移交當地人員接管，或許有少數人員暫時留下，也多只擔任訓練和顧問工作。

由於經營這種業務，所提供者爲一整套系統，不僅包括各種機械和材料之類產品，尤其涉及各種設計、工程和管理服務，內容至爲複雜，所以依賴有優越的管理能力，才能有效達成任務。

註2　*ibid.*

（二）由外人直接參與管理之國際企業

這種國際企業所經營之業務，主要有:

1. 直接投資　此處所謂直接投資，係指其權益全部歸投資企業所擁有，而且由後者在當地設立機構或派遣人員直接管理。所投資之企業，除採伐、農業、製造業外，並包括各種金融、保險、交通、推銷、管理諮詢等服務事業。由於這類事業所帶給地主國 (host country) 的，除有形之產品、就業或機器設備外，就長期而言，更重要的、是進步的技術、方法和現代化的觀念，所以在今天，這類國際企業已被視為國際間「技術傳遞」(technology transfer) 的重要媒介。

2. 合資　(joint venture) 由一國際企業與當地企業或其他機構、人民合作，投資經營某種事業。當然，此等事業的控制和管理也歸雙方分享；故如國外投資者居於少數股地位，則不但其權益有受危害的風險，而且有關經營政策或管理方式之主張，也每難以貫徹，所以甚多國際公司儘量避免採取這種投資方式。可是往往格於地主國外人投資法令之規定，或鑒於當地情況複雜和有欠安定，這是唯一可行的途徑，也只有勉强接受。

3. 國際性服務事業　例如國際航空公司，經營國際間空運業務，主要管理人員均來自投資國。其他如國際性保險、投資公司等，也可歸屬這一類。

第二節　國際企業之歷史發展

自上列國際企業之經營業務而言，並非近日嶄新的發展，而係有悠久的歷史根源。為瞭解今日國際企業狀況，亦有略加說明其歷史發展梗概之必要。最古老的國際企業，係發生在貿易方面，現即先說明這一方面的發展。

（一）世界貿易

人類歷史中有關貿易的記載，可上溯至古代迦太基、腓尼基人，他們航海從事貿易，足跡遍及亞、非、歐三洲；當時還有一些其他位於小亞細亞的城市，如 Miletus, Rhodes, Corinth 等，也都是以貿易中心聞名。古代交通不便，商人們不但溝通各地不同的物產和貨品，而且對於促進觀念，文化和技藝的交流，也有重大的貢獻。

歐洲中古時期末所發生的文藝復興和宗教革命，解除了人類心靈上的枷鎖，刺激了地理上的新發現，尤其是 1492 年美洲新大陸的發現，大大擴展了人類活動的領域，促進貿易的發展。今日所存在的種種專業貿易商人以及金融保險事業，都開始在這階段中萌芽。其後，重商主義抬頭，各國王室視黃金白銀爲一國財富多少的象徵，遂一方面鼓勵出口，以爲搜集金銀的手段；另一方面，爲了防止本國金銀外流，種種限制性貿易措施，如貿易管制、關稅以及貿易津貼等，也都開始利用。

工業革命帶來了大量生產技術，需要自海外取得原料，然後又將產品銷售予海外市場。於是經濟上的自由放任思想，代替了重商主義，成爲時代主流，更給予了國際貿易擴展以理論上之支持。依統計、在 1850 年至 1914 年間，整個世界的貿易量增達三倍以上。

一次大戰後，由於各國積極進行重建，加上美國供應大量貸款，遂使戰後貿易又登高峰。在戰前，世界貿易額從未超過 400 億美元，但至 1929 年時，竟達 700 億美元。不過這一趨勢受到 1929 年世界性的經濟恐慌的打擊，一直到 1938 年時，世界貿易額竟萎縮至 270 億美元水準。同時，貿易上的保護主義亦告抬頭；各國紛紛要求貿易優惠待遇，其中著名者，如 1929 年的渥太瓦協定 (Ottawa Agreement)，給予大英國協各分子國間的進出口優惠待遇。

二次大戰後，各自由國家積極謀求消除貿易障碍，希望藉由國際貿易的發展，達到促進經濟發展的效果。例如在1947年各國在日內瓦所簽訂的「關稅及貿易總協定」(General Agreement on Tariffs and Trade)，以及幾年前美國甘迺迪政府所推動的「甘迺迪談判」(Kennedy Round)，都代表這種努力。以關稅及貿易總協定而言，其中揭櫫四項基本原則(註3)：

1. 無歧視原則 (Nondiscrimination) 凡給予任何一國任何關稅減免或貿易優惠，都應該無歧視地給予所有其他會員國。

2. 貿易自由化原則 (Trade liberalization) 只能以關稅做爲保護本國工業之手段；諸如進口配額、進口許可之類限制性措施，皆在禁止之列。

3. 互相諮詢原則 (Consultation) 凡發生於各會員國之間之任何貿易問題，皆應在總協定之監視下，進行討論以求解決。

4. 關稅談判原則 (Tariff negotiation) 各國所徵收之關稅，皆可由談判途徑予以減免；這也代表最初簽訂總協定的精神。

事實上，依照此一總協定，在1947年至1963年間，國際間一共曾舉行五次重要關稅會談，導致了成千上萬產品項目關稅之減免，這對於促進國際間貿易的成長，無疑地具有極大的貢獻。以1968年言，世界十大貿易國之對外貿易額如下表所示(註4)：

註3　*GATT: General Agreement on Tariffs and Trade* (Washington, D. C.: U. S. Dept. of Commerce, 1964).

註4　Philip R. Cateora and John M. Hess, *International Marketing*, Rev. ed. (Homewood, Ill.: Richard D. Irwin, 1971), p. 34.

表 1-1 世界十大貿易國對外貿易額(1968) (單位: 億美元)

國 別	出 口	進 口
美 國	340	330
德 國	238	198
英 國	153	189
日 本	128	130
加拿大	121	110
法 國	111	111
蘇 俄	105	94
意大利	98	101
荷 蘭	82	91
比利時	81	83

不過，上表數字並不足以顯示貿易在各國之重要性。以美國言，雖然無論進口或出口，皆居各國之首，但實際上，其出口尚不及其國民總生產之 5 %。反之，對於若干西歐國家，長久以來即對於貿易仰賴甚深；例如名列末位的比利時，其國民總生產 (GNP) 中有 36%係供應國外市場之需要。再如荷蘭 (32%)、丹麥 (23%)、瑞典 (15%) 等國，也有類似情況。其他如南美的委內瑞拉，1968 年之國民總生產爲 85 億美元，而外銷達 28 億美元，佔前者之33%之多。而我國近年外銷佔國民總生產之比例，更是迅速增加。如下表所示:

表 1-2 我國近年來對外貿易在國民總生產中之地位
(民國 55-59 年) (單位: 百萬美元)

年 次	國民總生產 (GNP)	貿易總值		出口總值	
		數 額	佔GNP%	數 額	佔GNP%
民國55年	3,139	1,185	38%	584	19%
56	3,576	1,523	43%	675	19%
57	4,199	1,868	44%	842	20%
58	4,770	2,315	49%	1,111	23%
59	5,461	3,089	57%	1,562	29%

(資料來源: 經合會出版，自由中國之工業)

雖然從整個世界言，過去十年間出口總值增達一倍以上（如表1-3所示），但自個別出口者言，却遭遇許多新的困難和問題。例如有些國家爲保護本國產業，或爲改善國際支付地位，已對進口貿易採取嚴格管制或限制政策，使直接進口大感困難。又有一些地區，由於當地競爭力量加强，無法以進口產品和當地產製者對抗，不得不在當地產製。又有一些公司，爲求利用海外原料或廉價勞力，或減低運費，以增强本身在國際市場上之競爭力量，也改採當地產製之辦法，使得國際企業活動有自貿易轉爲直接投資或其他經營方式之趨勢。

表 1-3　近十年來世界出口貿易發展趨勢（1960-1969）

（單位：億美元）

年　次	世界出口總值	年　次	世界出口總值
1960	1,122	1965	1,646
1961	1,178	1966	1,804
1962	1,239	1967	1,900
1963	1,351	1968	2,123
1964	1,518	1969	2,423

（資料來源：Cateora and Hess, *op. cit*, p.41.）

（二）直接投資

不過就直接海外投資言，也有相當長久的歷史。在二次大戰以前，西方的海外事業多和殖民地發展有關，而且多數在於農、礦、鐵路和公用事業方面。歐洲列强人民於洋鎗大砲的支持下，在一些落後地區取得礦產或森林開採權利，經營大規模農場；其中著者如印度、錫蘭的茶園，馬來亞和剛果的錫礦和銅礦；又如在1850年至1910年間，英國曾在世界各地大量投資與建鐵路；即使美國在1897年時，也有 59%的國外直接投資屬於農、礦和鐵路事業（註5）。

當時的海外投資幾乎全是爲了母國投資者的利益，對於地主國人民的傳統生活方式，不發生任何影響作用，也無所裨益於當地經濟發展。可是有許多事業的力量却不可一世，例如英國東印度公司（今日多國公司的始祖），曾經統治世界上五分之一人口達250年之久；即使在 1930 年代，聯合水果公司 (United Fruit Co.) 在拉丁美洲控制了自古巴至厄瓜多廣達四百萬英畝土地，當地政府都要仰望其顏色。再如非洲的賴比瑞亞，一度即被稱爲「火石共和國」(Firestone Republic) (Firestone 爲美國公司名)，可見一斑（註6）。

隨着戰後殖民地之紛紛獨立，尤其民族主義的抬頭，這種舊式的國外事業漸漸消失；代之而起的，是一種現代化的國際企業。例如美國勝家製造公司 (Singer Manufacturing Co.) 即係這種企業之先鋒。幾乎在一世紀前，當第一架勝家縫級機問世不久，即開始外銷歐洲。由於市場需要迅速增加，公司在 1867 年時，即在蘇格蘭設廠生產，供應歐洲市場。其後由於各地需要也都迅速擴增，遂使所設工廠遍佈法、德、意各國（註7）。再又如 Unilever 公司，係由荷蘭之 Margarine Unie 公司和英國的 Lever Brothers 公司在 1929 年合併組成，今天已在 60 個以上國家擁有 500 個以上附屬事業，都代表其中佼佼者。

這種現代的國際企業，除從事製造業務外，石油之採煉運銷也極爲重要；許多龐大國際石油公司，在中東或委內瑞拉探勘及開採原

註5　Robert W. Stevens, "Scanning the Multinational Firm," *Business Horizons*, Vol. XIV, No. 31 (June 1971), pp. 47–54.

註6　"Global Companies: Too Big to Handle?" *Newsweek* (Nov. 13, 1972) pp. 28–29.

註7　John Fayerweather, *Management of International Operations* (N. Y.: McGraw-Hill, 1960), pp. 578–587.

油，供應美、歐和日本市場需要。以美國海外直接投資言，1968年時共計650億美元，其中屬於石油事業方面，即佔188億美元之多（註8）。在今日世界上最大之二十家國際公司中，油公司竟佔六家之多：Exxon（美），Shell（荷一英），Mobil（美），Texaco（美），Gulf（美），British Petrol-eum（英）。（見表 1-4）

表 1-4　二十家最大多國公司及其銷售總值(1971)

（單位：億美元）

GM（美）	$283	ITT（美）	$73
Exxon（美）*	187	Gulf Oil（美）	59
Ford Motor（美）	164	British Petroleum（英）	52
Royal Dutch/Shell（英-荷）	127	Philips（荷）	52
GE（美）	94	Volkswagen（德）	50
IBM（美）	83	Westinghouse（美）	46
Mobil Oil（美）	82	Du Pont（美）	38
Chrysler（美）	80	Siemans（德）	38
Texaco（美）	75	ICI（英）	37
Unilever（英-荷）	75	RCA（美）	37

* Exxon 卽原有之Standard Oil (N.J) 公司改稱

除此以外，許多現代國際企業屬於金融、保險、諮詢、廣告等方面之事業。由於此等事業所從事者，屬於技術、觀念及方法性質，對於地主國之經濟和工業發展，具有較顯著之利益，所以較受歡迎，不致如前稱投資在農礦採伐事業之容易引起反感和糾紛。

第三節　企業國際化之理由及其方式

近年以來，企業國際化之趨勢至爲普遍，既不限於經濟開發國

註8　Bohdan Hawrylyshyn, "The Internationalization of Firms," *Journal of World Trade Law*, Vol. 5, No. 1 (Jan-Feb. 1971), pp. 72-82.

家，也不限於開發中國家；而一國之內，大規模企業可以開拓國外業務，中小型公司也一樣積極求這方面發展。

（一）經濟開發國家之企業

以美國言，由於本國市場廣大，傳統上一般較不重視海外業務；即使有之，亦每視貿易爲調劑國內產銷的一種途徑。但近十餘年來情況大爲改變，由於本國市場機會和利潤都有顯著減少趨勢，投資報酬降低；相反地，海外市場却由於經濟復興，購買能力提高。尤其西歐各國的經濟日趨繁榮，形成大好發展機會。其次，某些公司感到管理人才已有過剩現象，已非國內市場所能充分利用。再者，研究發展的技術，投資鉅大，也需要在更廣大的市場中予以利用，以收回該項投資。只要若干居於領導地位的企業進入國外市場，同業中其他公司爲避免落後，也會積極起而仿效，形成一種國際化的趨勢。

時至今日，已有許多企業之國外業務量超過了國內部份：以銷量爲標準，此種公司包括有 Standard Oil (N.J.) (68%), Singer (50%), Colgate-Palmolive (55%), Massey-Ferguson (90%), United States Machinery Co. (54%). 其他在於 50% 與 30% 之間者，有 Ford (36%), IBM (30%), International Telephone and Telgraph (47%), Goodyear (30%), 3M(30%), NCR(44%), Heinz (47%), Pfizer (48%) 等（註9）。

中小企業也步武後塵，發展國外業務，而且不乏成功事例（註10)。說者認爲，中小型企業之所以能夠向國際進軍，係受以下幾項因素之

註9 Sanford Rose, "The Rewarding Strategies of Multinationalism," *Fortune*, Sept. 15, 1968, p. 105.

註10 James K. Sweeney, "A Small Company Enters the European Market," *Harvard Business Review* (Sept.-Oct. 1970), pp. 126-132.

影響(註11)。

第一、外銷獲利率較高，國外採購成本又較低，因此促使若干中小企業向國外發展，以加强其競爭地位。

第二、由於國際旅行費用之趨於低廉和快速。

第三、由於國際間通訊及其他服務設施之進步。

第四、由於美國觀光客之增加，使得一般人對國外情況的認識隨之增加。

(二) 開發中國家之企業

多數開發中國家企業進行國際化之理由，和已開發國家頗爲不同。今日大多數開發中國家版圖都很狹小；根據平卡斯 (John Pincus) 一項研究，90 個被列爲開發中國家中，有 72 個之人口不及一千五百萬，51個不及五百萬。對於這種國家，以關閉方式謀求經濟發展，將不可能達到經濟規模所需要之水準。有些產品更仰賴外界供應，因此必須依賴對外貿易溝通有無，特別是機器設備方面(註12)。

而且持續的經濟成長幾乎都和某種程度的輸入增加發生關聯；國家愈小，則其輸入增加率也可能愈高(註13)，使得一國輸入能力之强弱，構成其經濟成長之一重要限制條件(註14)。一般學者都同意，只有以外銷支持輸入，才是一種最健康的做法；因爲如此表示，這國家能在國際市場上從事有效競爭，而且處於一種有利的成長狀況之

註11　David S. R. Leighton, *International Marketing* (N. Y.: McGraw-Hill, 1966), p. 4.

註12　John Pincus, *Trade, Aid And Development* (N. Y.: McGraw-Hill, 1967), p. 66.

註13　*Ibid.*, p. 75.

註14　Salvatore Schiavo-Campo and Hans W. Singer, *Perspectives of Economic Development* (Boston, Mass: Houghton Mifflin, 1970), Ch. 8.

中（註15）。例如我國近年來之經濟快速成長卽和貿易發展具有密切的關係，而近鄰韓國也採同樣策略急起直追。

雖然外銷常是一國家或一企業進入國外市場之最先嘗試的方式，但這並不代表唯一的方式，已如前述。首先，外銷常遭受種種貿易障碍的限制，例如關稅、配額、甚至禁止進口之規定等，使得某些市場無法輸入某種產品。其次，卽使能夠進口，但因擔負高額關稅及運費等緣故，成本增加，使這產品在市場上失去競爭能力。再者，設如一外銷市場發展潛力甚大，則外銷者在短期內常未能把握有利之機會和應有的利潤；而長期內，恐將注定要因當地生產而失去這一市場。譬如今日我國內某些產業尙能倚賴廉價勞力和較低成本外銷產品予歐美市場，若一旦某些國際企業在其他勞力更爲低廉地區投資生產，配合其靈活之國際分配網與雄厚之資力等條件，則我外銷卽將面臨嚴重威脅，故有瞭解國際企業在貿易以外之經營方式之必要。

（三）進入國際市場之方式

自國際企業眼光，進入國外市場之方式甚多。每種方式都有其適合之條件與不同之優劣點，現扼要說明於次：

1. 外銷 這是一種最簡單的方式；只要將國內生產之產品設法找到買主（可能在國內或國外），獲得成交卽可。有時外銷產品和原供內銷者完全相同，則更應駕輕就熟；至若需要調整產品時，所須投資較大。一般又將外銷方式分爲兩類：依直接顧客係在國內或在國外，而稱爲「間接外銷」和「直接外銷」。

間接外銷 對於規模較小，尤其缺乏外銷經驗的廠商，這常是一

註15 Isaih Frank, "New Perspectives on Trade and Development", in Theodore Morgan and George W. Betz (eds.), *Economic Development: Readings in Theory and Practice* (Belmont, California: Wadsworth, 1970), pp. 241-255.

種適當的外銷方式；由貿易商擔負外銷功能，辦理種種外銷。一般言之，此等貿易商主要有三類：

(1) 獲有產品所有權之貿易商　由其負擔所有外銷責任。對於廠商而言，這種外銷幾乎和內銷沒有多大差別，風險較小。不過若有退稅情況，其間安排較爲複雜。

(2) 代理外銷之貿易商　雖爲廠商尋求國外買主，也可能代辦外銷手續，但不取得產品所有權，也不負擔風險，所收入者爲一定之佣金。

(3) 聯合外銷　或由同業聯合組設外銷機構統一辦理產品外銷；或由一貿易商擔任若干互不競爭之廠商之外銷部門，主要收入爲佣金，通常此種貿易商稱爲 Combination Export Manager (CEM)；又有一些廠商將其產品委託由其他外銷廠商順便携同外銷，稱爲 Piggyback arrangements。有關此幾種外銷方式之詳細情況，將於本書第八章有關國際行銷之分配通路中說明。

直接外銷　即由廠商自行尋求國外買主，並擔負外銷功能和風險。採此方式之廠商，一般規模較採間接外銷者爲大，故能僱用專門人員辦理外銷業務，因此對市場握有較大控制力量，且可主動拓展市場。不過公司內部安排亦有不同：最簡單者，僅指派一人負責所有外銷工作，而由其他部門予以支援；也可設立一較完整之外銷部門，辦理一切有關事務，有的公司還經常派有巡廻推銷人員，定期旅行海外市場，爭取訂單，處理顧客問題。

甚多公司在國外市場中尋求適當之中間商，擔任該地區之獨家經銷或代理功能。在於前者，由其以本身名義購進貨品，在於後者，則僅代爲銷售，取得佣金。不論何者，選擇此等經銷或代理商是否得當，關係該市場業務發展成敗至大。

2. 授權　這也是一種較簡單的進入國外市場的方式；不需大

筆資本支出，也不負擔風險。授權之標的，可包括技術、製造方法、商標、專利等。授權者所取得的報酬爲權利金。這一方式之一大優點爲其使用彈性較大，例如美國 Gerber Products Co. 考慮進入日本市場時，因擔心嬰兒食品可能不被日本消費者接受，乃開始先採授權方式以爲試探。又如可口可樂公司更是在全世界普遍採用授權使用品牌方式經營。唯使用者必須向該公司購入原料，更增加一層收入和控制。

授權的優點，除上述外，尚有:

(1) 不受進口限制。

(2) 無被沒收或其他風險。

(3) 可資保護專利權及商標權，免被盜用或濫用。

(4) 不需佔用管理人員大量精力和時間。

不過，一般採授權所得報酬較有限，而且一旦合約期滿，使用者即可能搖身一變而爲本身之勁敵。因此，爲防止後一威脅，授權者必須保持繼續不斷之創新，使對方感到有繼續合作之必要。甚多情形下，亦企圖保留部份秘密或製造原料、配件，以爲控制。

近年來，採取授權者多爲中小型企業，因其缺乏直接參與國外經營之人力及資金。例如美國西屋電器公司，一向採授權方式，但自1963年後放棄這一辦法，在歐洲設立製造工廠。

3. 合資　一公司可和當地一家或數家公司合資經營一事業，這也是一種非常普遍採行之方式。尤其在於有些開發中國家，不歡迎外人獨資事業，合資可能是除授權以外唯一可行途徑。

對於投資者言，合資的優點主要有:

(1) 可減少投資所需之資金和人力。

(2) 可藉當地人士之加入，減少或緩和政治和經濟風險。

(3) 可利用當地合資者之經驗及現有關係，尤其是在分配通路方面。

譬如美國汎美航空公司卽係採合資方式，在世界各地興建旅館，以期靈活運用其資金，並借重當地合資者經營旅館業之經驗。

不過許多美國公司對於這種方式並無好感，主要在於憂慮對於投資事業失去控制，尤其居於少數股權地位時爲然，以致無法應用美國進步的管理和行銷技巧。又如當公司獲利時，美國股東主張將盈餘繼續投資，而當地股東却主張將其分發股息，卽易發生衝突。

4. 委託製造　有時一國際公司不願在某國投資生產，乃委託當地工廠依照一定規格或配方製造，而由公司自行負責行銷業務。例如美國 Seares 卽曾採用這方式在墨西哥和西班牙經營百貨公司。寶鹼 (Procter & Gamble) 公司亦曾採此法在意大利製造肥皂，故能在極短時間內，和在當地已經根深蒂固之 Colgate 與 Unilever 分庭抗禮。

採取委託製造方式的缺點，是對於製造過程控制較差，而且獲利也可能較低。但其優點是可以爭取時效，風險較小。如果市場反應良好，則可以更進一步考慮合資，甚至購下這一工廠。

5. 獨資　此卽在國外投資與建製造或裝配工廠，或購進已存在之工廠設備。一般美國公司常願採後一方式，俾可爭取時效，並獲得利用一批現成的管理及工作人力，還有各方面的關係。

採取這一方式的主要考慮，爲該工廠能否達到經濟生產規模。因此僅設置一裝配廠，較易獲得必須之規模。甚多國際企業爲避免高額進口關稅，乃採進口零組件在當地裝配，此又稱爲 C.K.D. (Completely Knocked Down) 方式。不過極可能由於當地政府自製率之限制，必須自裝配逐漸進入製造方式。

除此以外，投資產製的理由還可能有:

(1) 利用當地低廉工資，如在臺灣、韓國，生產某種利用較多人工的產品或零配件。

(2) 利用當地生產原料。

(3) 減低運費。

(4) 做爲進入其他市場之跳板。

(5) 可以享受當地政府獎勵外人投資辦法之優惠條件。

(6) 可以爭取地主國之好感，認爲有助於其達成經濟建設目標。

(7) 可以和當地市場保持更密切的接觸,使產品更適合當地需要。

(8) 可以充分控制該事業之製造及外銷等政策，配合公司世界性和長期性目標。

美國企業在西歐普遍採取這一方式。因爲這一地區政治安定，潛力雄厚，尤其隨同共同市場之發展，前途大有可爲。在獨資方式下，投資公司可以充分控制這事業，攫取全部利潤。

採取這種方式的缺點多和其大量投資相關，使公司負擔較大風險，例如遭遇貨幣貶值、市場惡化、沒收充公等情況時，公司即將遭受重大損失。

第二章

多　國　公　司

第一節　多國公司之意義

依照前述國際企業之定義，所包括範圍至爲廣泛，但其中有一類佔有最重要地位者，一般稱之爲「多國公司」(multinational corporation)。據稱，1965年時世界上有87家此種多國公司，其營業額大於57個國家之國民總生產；目前此類公司之銷售總額已達2,200億美元以上，預測至1980年時，更可能增達一兆美元以上。至本世紀末時，將有二百至四百家此種公司控制世界上三分之二之工業生產(註1)。

柏爾教授 (Prof. A.A. Berle) 曾將此等公司與國家相提並論，事實上，毫無虛誇之處，這可自(表 2-1)中明白看出(註2)。這種多國公司主要以美國爲基地，例如以新聞週刊 (Newsweek) 所列當今世界上二十家最大多國公司言 (如表 2-2)，前三位皆屬美國公司：GM, Exxon, Ford，全部則佔十三家(註3)。以直接投資之帳面價值爲標準，美國公司約佔所有多國公司之60％(註4)。故一般論及多國

註1　I. A. Litvak and C. J. Maule, "The Multinational Corporation: Some Economic and Political-Legal Implications," *Journal of World Trade Law* (Sept.-Oct. 1971), pp. 631-643.

註2　Robert L. Heilbroner," The Economic Problem," *Newsletter*, 1970. in Cateora and Hess, *op. cit.*, p. 36.

註3　"Global Companies: Too Big to Handle?" *Newsweek*, *op. cit.*

註4　Robert W. Stevens, *op. cit.*

公司，皆以美國公司爲對象。

表 2-1 部份國家國民總生產與多國公司銷售額之比較(1967)

(單位: 億美元)

荷 蘭	$266	Royal Dutch/Shell	$84
G. M.	200	挪 威	83
比利時	197	G. E.	77
瑞 士	159	希 臘	71
Standard Oil(N.J.)	133	Chrysler	62
丹 麥	122	Mobil	57
奧地利	106	Unilever	56
		IBM	53
Ford	105	葡萄牙	46

不常爲人注意的歐洲和日本公司之海外附屬事業，目前其生產額亦可能超過八百億美元（美國公司約爲一千四百億美元）。例如英國之卜內門（ICI）與 Dunlop，法國之 Renault 與 Pechiney，德國之 Volkswagen 與 Siemens，義大利之 Pirelli 與 Olivetti，瑞典之 ASEA 與 SKF，瑞士之 Nestle 與 Brown-Boven 以及日本之三菱三井，雖未能名列前茅，但也擁有龐大的規模與相當的影響力。

(一) 多國公司之定義

究竟怎樣的公司才算是多國公司呢？似乎缺乏一個普遍接受的定義。以前稱新聞週刊選定 20 家最大多國公司時所採定義:「年銷售額必須超過一億美元，並至少要在六個國家從事業務活動，海外附屬事業資產必須佔公司全部資產之 20%」。今天大約有 4,000 家公司合乎這些條件，其生產毛值總和約佔全世界生產毛值之15%。

此外又有一定義稱:「多國公司者，其投資基地必須分佈於若干國家，其淨利中必須有 20-50% 係來自國外業務，其管理人員於決定政策時，所考慮之方案應以整個世界爲範圍(註5)。」由上列兩定義中，可見所採標準包括銷售額、經營業務之國家數、海外資産佔公司總資産之比例、淨利屬於海外來源者之比例，以及決策態度等項。

（二）多國性

學者認爲，多國公司之眞正特色乃在於其所具有之「多國性」(multinationality)，此可以從公司資本主以及管理人員之國籍分佈兩方面予以觀察。但最根本者，還是在於公司管理當局之思想方式，尤其對於「外國人、外國觀念和外國資源」(foreign people, ideas, resources) 的看法(註6)。即使一公司的股權和管理人員的國籍可能達到多國化標準，但如果在思想上仍然採本國導向和民族本位，仍然不能算是眞正的多國公司。學者認爲，多國公司的高層管理者所持基本態度可大致區別爲三種類型，這可以從他們對於基本産品、功能和地理決策上看出：

1. 本國導向 (ethnocentric or home-country oriented) **態度**

對於本國具有一種優越感，對於別國（地主國）人員抱着不信任態度，處處以本國標準來衡量公司人員和産品之優劣，而忽略外在環境之差異。

對於國籍觀念十分重視，時時想到自己是一「瑞士公司」或「美國公司」。內部人員能否陞遷至高級職位，受他國籍影響至大。當然，今天很少公司抱着這種極端的態度，但也沒有一公司能夠完全避免這種態度。

註5　James C. Baker, "Multinational Marketing: A Comparative Case Study," in Bernard A. Morin (ed), *Marketing in A Changing World* (Chicago: American Marketing Association, 1969), pp. 61-64.

註6　Howard V. Perlmutter, "The Tortuous Evolution of the Multinational Corporation," *Columbia Journal of World Business* (Jan-Feb. 1969).

2. 地主國導向 (polycentric, or host-country oriented) **態度**

承認不同文化間之差異，以及瞭解他國文化之困難，而只有當地人對本國的情況才最清楚。所以在國外經營企業，應儘可能求其地方化。因此對於海外附屬事業每給予其較大自主權，乃透過財務控制加以結合。

雖然在這種觀念下，公司將不致强求國外事業採取和本國完全雷同的政策和辦法，但海外經理人員也沒有希望能陞任總公司高層職位。

3. 全球導向 (peocentric, or world-oriented) **態度** 這是最近出現的觀念。對於海外附屬事業的看法，旣非總公司之衞星機構，唯命是從；但也不是個別的城市國家，各自爲政。總公司和海外公司都是一整體之部份，彼此間屬於一種合作關係；有關新產品、廠房或研究設備之配置上，可能採通盤觀點，但亦給予各附屬事業以相當的彈性。公司訂有全球性目標，但也有地方性目標，但彼此間是配合的。

在這種態度下，總公司視各附屬事業主持人爲整個團隊之一員，所訂定之獎懲陞遷制度亦係着眼於鼓勵後者能爲整個公司目標而努力。只要表現優異，能力卓越，一樣可陞任總公司高層人員，而和國籍無關。

在這種整體觀念下，各附屬事業負責者所考慮的，不僅僅是經營一獨立之當地事業，他的眼界必須較爲遼廣：一方面，他要問，我能從世界上那些姊妹事業獲得協助，以提供當地顧客最佳服務？另一方面，他也要考慮，能否將本地發展的產品，滿足世界上其他地區之需要。

第二節 全球性規劃

上述全球導向的態度，對於國際企業的規劃具有深刻的影響。多國公司的國際規劃即係自一種機遇方式，演進到逐國分析（country-by-country analysis）方式，以至於一種全球規劃（global planning）方式。現分別說明於次：

在早期，一公司向國外發展，可能純係出於機遇。譬如公司總經理至某地訪問或渡假，對該地產生良好印象；或者認識某地友人，受後者影響，遂在該地投資。有時只是為了處置公司某種汰舊設備，因此在他國設廠以利用這些設備，例如美國電子工業即曾在這種動機下進入歐洲市場，但後來證明是錯誤之舉；等到當地競爭者採用新式自動化設備時，公司遂不免自食惡果（註7）。

由於這種機遇方式忽略其他代替性方案之存在，常導致錯誤決定，因此有些公司遂發展出一種較有系統的規劃方式，稱為逐國分析。其大致步驟如下：

⑴桌上研究　由總公司人員對於考慮中之各個市場進行分析。所利用者，為國內現有資料及公司過去所搜集之情報及經驗。經分析後，遂可提出一有關投資預算及可能財務報酬之初步估計，還可能包括一項繼續深入研究之時間、人員及費用之預算。

⑵實地考查　如果認為該項投資尚屬有利可圖，公司即可能派出一行銷人員赴實地考查。一方面分析當地市場狀況，一方面設法代為公司財務及生產人員取得所需要之資料。所提出者，為「可行性報告」。

⑶確定研究　由公司派出一組人員，在一資深高層管理者領導下，至當地再行深入研究，並提出有關投資、延勍或放棄之建議。

這種標準化程序，看起來似乎十分完善，但仍可能導致錯誤決策。因為它孤立考慮一國狀況，而忽略了整個世界貿易趨勢，以及他

註7　John G. McDonald and Hugh Parker, "Creating A Strategy for International Growth," in *International Enterprise: A New Dimension of American Business* (N. Y.: Mckinsey & Co., 1962), pp. 17-24.

國生產和經濟發展的影響。在於一國的最佳方案，但若配合其他國家考慮，却可能並非最佳。例如根據逐國分析，建議公司在法、德、意各國設廠；但是實際上，由於共同市場之發展，只要設一大規模工廠，卽可以更有效方式供應這三個國家市場。

全球規劃之利用，卽爲減少上述之風險。在未進入國際市場前，應先設定公司之長期目標及策略，以爲協調及指導今後發展之依據，以免發生重複矛盾情事。所考慮之地區範圍，並非一個別國家，而係一較完整之地區，俾日後進入此一地區，可有通盤計劃。

在這種整體規劃之下，有關產品供應，特別重視各市場間之配合。由於各地情況複雜，常賴採取不同之供應方式；究係採取何者，則有賴考慮成本，輸入管制及競爭壓力。例如爲供應巴西市場，一美國企業可採外銷方式，也可自另一法國廠供應，也可由當地工廠供應，還可由美法分別輸入部份零配件，加上在巴西當地採購者，在巴西裝配爲成品。同時，公司還可能將巴西所裝配者外銷——包括美國本國內。這種規劃，稱爲「後勤規劃」(logistic planning)。

勝家公司之事例　例如前稱之勝家製造公司，百餘年前，繼蘇格蘭廠之後，分別在法、德、意三國設廠供應當地需要，主要由於各國對於縫級機的需要量已達經濟規模，加上進口管制，使在各國單獨設廠爲有利。二次大戰期間，由於蘇格蘭廠之生產成本與美國廠相近，故由兩處分別供應低度開發中國家市場之需要。

二次大戰後，由於歐洲生產較爲有利，勝家公司遂改以蘇格蘭廠產品供應美國及其他外銷市場。歐洲共同市場出現後，公司遂將各會員國內工廠合併生產，以發揮規模經濟。

在1950年代中期，日貨以大量生產供應國內外，價格低廉，勝家遂一面在日本設廠供應日本國內市場及東南亞市場，另一面在歐洲依賴對日貨之進口管制，和日貨對抗。但在其他地區，勝家逐漸失去優勢，例如在智利、哥倫比亞等國，縫級機市場幾成日貨天下。

另一方面，若干低度開發國家亦謀建立自己的縫級機工業，勝家遂在這些國家積極投資生產。至1969年止，勝家已在27個此類國家從事某種程度的製造業務，包括臺灣在內。在甚多國家中，其生產成本較進口者爲高，不過由於受到保護之助，仍能維持獲利；同時，在其中較大國家中，也很快由於需要量迅速增加，不久也達到經濟生產量（註8）。

第三節　多國公司組織方式

在1950年代中期以前，多數國際企業設有「外銷部」（export department），主要負責辦理外銷手續。當時，海外市場缺乏强有力競爭，情況較爲單純。故外銷部之任務主要爲配合國內市場之經營需要；國外投資不被重視，生產優先係給予國內客戶，外銷產品亦即銷供國內之產品，而未經調整（註9）。

(一) 所面臨之組織問題

但至1950年代中期以後，基本情況改變，原有外銷部方式已無法適應國際市場之需要情況，例如前稱全球規劃，即顯然超出外銷部之能力範圍。例如在 Unilever 之 1964年年度報告中，所涉及問題計有：英國附加稅、剛果內戰、伊拉克之國有化政策、印度之物價管

註8　John Fayerweather, *op. cit.*, p. 16.

註9　John Macomber, "Entering A Foreign Market-Key Factors for Success," *Indiana Readings in Business*, #38 (1962), Foundation for Economic and Business Studies, pp. 33-39.

及增稅、印尼之政治前途等。從這些問題，可以看出一公司當局所面臨問題，何等複雜與廣泛。在這情況下，如何能建立靈活有效的組織以把握世界各地情勢變化，乃一極重要之工作。

此外，尙有下列組織問題(註10)：

1. **母子公司關係問題** 如何使具有經驗的總公司能給與其國外子公司以技術及管理上之有效指導？又如何能鼓勵總公司採取此種做法？

2. **投資地位問題** 是否對於投資事業必須保持多數地位？如必須接受少數地位時，如何能獲得同樣成功經營？

3. **人才培養問題** 如何能培養源源不斷的管理人才？使其在背景、能力及眼界上能夠適應各國不同的環境？

4. **規劃及控制問題** 如何能在所有各地從事經營而保持目標、策略及行動計劃上之協調配合？如何能將公司外界環境及內部狀況提供準確迅速之資料？

5. **財務問題** 向那個資本市場籌措資金？由那一部份發行公司債或股票？如何選擇適當時機採取財務上措施，以配合當時外滙變動？如何利用多餘資金？

諸如此類複雜問題，皆非一採外銷導向之組織所能解決。那麼今日多國公司採取那種組織形態以適應這種複雜狀況呢？

（二）基本組織模式

事實上，並沒有一種標準的組織形態，可以適用所有多國公司，而且也無此必要。但迄今大致可歸納爲三種基本模式：

1. 國際事業部組織結構 (international divison structure)

註10 Gilbert H. Clee and Wilbur M. Sachtzen, "Organizing A World Business," *Harvard Business Review* (Nov-Dec. 1964).

傳統上，有些公司對於海外業務之基本政策及策略規劃，係集中於一國際事業部，另外又有些公司則由海外子公司獨立負責。

但在多國公司中，這方面責任移歸總公司各幕僚部門，而由國外子公司及附屬事業負責實際業務進行。但在組織結構上，仍保持一國際事業部，由後者負責協調公司外銷業務與子公司之業務，也負責協調各地子公司間之生產及銷售。(見圖 2-1)

不過在這種組織形態下，一公司仍可能屬於國內導向；其國際業務受國內業務之支配。但如一公司國際部門過份强大，又可能妨碍公司對於整個世界業務之統籌規劃，以致無法達成全球性目標。

2. 地理性組織結構　有關各地區之產銷實際業務，劃歸各地區經理負責；總公司幕僚部門僅協助高層管理負責全盤策略之規劃及控制；譬如各地區間之業務範圍之劃分，產品線之組成，主要廠址選擇之類決策，卽屬總公司負責；反之，如關於調整基本產品以配合地方需要，則屬於各地區經理之職責。而有時，地區間亦有製成品或半製品之流通，則亦歸總公司協調。(見圖2-2)

採用這種組織結構者，其產品多較相似或關係密切，如製藥、農機、飲料、家電、食品之類。其地區劃

圖 2-1　國際事業部組織結構

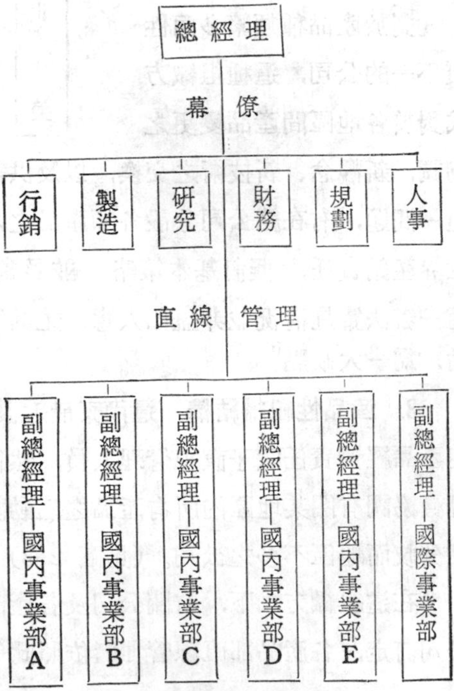

總經理

幕僚

行銷　製造　研究　財務　規劃　人事

直線管理

副總經理—國內事業部A　副總經理—國內事業部B　副總經理—國內事業部C　副總經理—國內事業部D　副總經理—國內事業部E　副總經理—國際事業部

分，亦未必如上圖所示，一定像北美、中南美、遠東之類廣大地區，也可以採較小單位，如英國、法國之類。有時公司另設外銷部門，負責目前尚無生產設備之地區。國際油公司亦有採這種組織者，不過由於石油業務之具有世界性質，有關開採、煉製及油輪運輸之管理，類多歸總公司負責，而地區經理僅從事協調而已。

圖 2-2　地理性組織結構

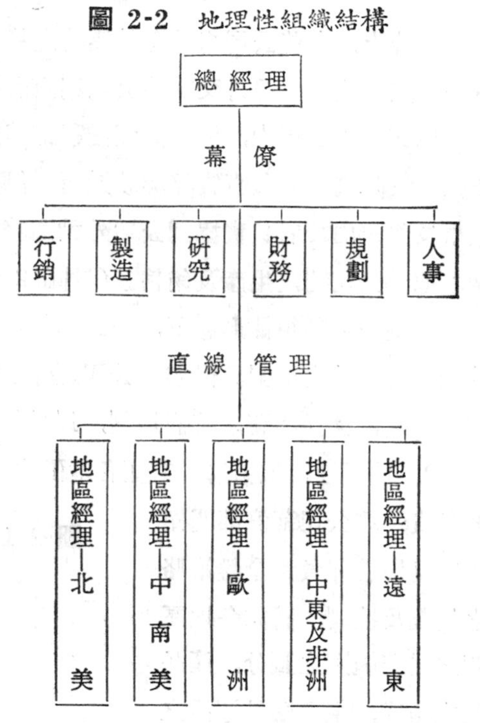

對於產品種類繁多而性質不一的公司，這種組織方式對於各地區間產品變更之協調，新觀念、新技術之交換，以及供需之調劑，均較不便。爲解決這一問題，有在總公司分設各類產品之專責經理，負責該類產品之全世界產銷責任，擬訂基本策略，並負責情報之流通交換工作。不過這一辦法實施情況並非盡如人意，尤其和直線管理者職責容易發生混淆，爲一大缺點。

3. 產品性組織結構　這代表最近發展之組織形態。將全世界之特定產品經營責任賦予直線管理人員，然後透過公司幕僚階層中之地區專員協調有關某地區內所有產品之活動。因此這種組織方式較適合產品分歧而地區不多之公司。（見圖 2-3）

在這組織方式下，有關公司及各產品事業之整體目標及策略由總公司訂定，各產品部直線管理者依照此等目標及策略擬訂各別策略計

圖 2-3　產品性組織結構

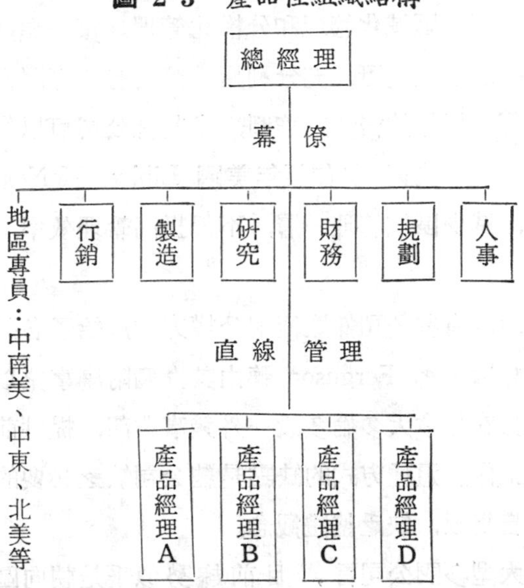

劃，經總公司高層主管批准後實施。這種方式確可彌補上述地理性組織結構之基本缺點，對於調劑各地產銷，引進新技術，較爲靈活。

但在實際運用上，一公司設立這種組織時，多以原有之國內產品事業部爲基礎，因而負責者常缺乏對於國外情況的瞭解和眼光。而且高層管理者亦難以有效規劃各產品目標及策略，結果使這責任不免落到各直線管理部門身上。再者，公司內不同產品部門常在同一地區同時活動，而彼此間缺乏聯繫配合，也是一項問題。

以上所述代表三種基本形態而已，一公司實際採用那種組織方式，係取決於各種地理、市場及人力因素。而且有時對甲產品採地區性組織，而對乙產品却採產品性組織；有些功能全部集中於總公司，而另外一些功能却授權各附屬子公司負責。

（三）授權程度

由於不同公司在於授權程度上之差異，一般又可將其區分爲三種類型：集中化管理，區域化管理和分權化管理。每一類型皆有其優點及缺點：集中化的優點是可以充分利用總公司有關專門人才，對於規劃和實施階段都可以保持密切的控制，尤其總公司可以集中各種記錄和情報，便於管理和決策。例如近年美國 Libby, McNeal and Libby 公司實施改組，減少區域管理一層，不但提高管理效率，而且節省相當人力(註11)。

與此相反地，有些公司採取極端分權方式，給予各附屬事業以高度自主權。例如 Massey Ferguson 聽由其九個附屬事業以幾乎完全獨立方式經營，另在加拿大多倫多設一外銷事業部，提供前者以幕僚支援及從事協調工作。這種方式的缺點是總公司缺乏必要的控制，因此各附屬事業各自爲政，缺乏整體觀念。

對於多數大型多國公司言，目前趨勢似乎是朝向區域化管理制度。一方面可以在規劃、專家利用和情報搜集方面保持集中化的優點；另一方面，也可對各區域內事業保持較密切控制。例如 Union Carbide 公司原採集中化管理，但由於其在美國以外銷售近年來幾達八億美元，而且分佈極廣，遂改採區域管理方式：設立歐洲、中東、遠東、拉丁美洲及非洲五個區域管理處。其他如 Caterpillar, Chrysler, Colgate-Palmolive, Dow Chemical, Esso, Hewlett-Packard, IBM 等著名之國際公司都採這種管理方式。

第四節　多國公司之政治、經濟及技術影響

由於多國公司在今日世界上所佔舉足輕重的地位，每構成「愛恨交加」(love-hate complex) 的對象。不僅各地主國政府或人民有此

註11　National Industrial Conference Board, *Organization Structures of International Companies* (N. Y., 1965)

心理，即以投資國言，對於這種企業的評價也是毀譽不一。例如哥倫比亞大學企管研究院前任院長布郎氏 (Courtney Brown) 曾稱讚多國公司道 (註12)：

「代表一種期待已久的力量，終將提供一個途徑，使人類不同的理想得以結合和調和。」

另外多倫多大學的華京教授 (Prof. Melville Watkins) 却批評道 (註13)：

「沒有一種機構比它更不民主，和更容易被批評爲極權主義。」

還有人引用尙比亞一位 A. K. Essack 的觀點，代表開發中國家普遍的恐懼：

「這是新殖民主義的一項工具；它（對於低度開發國家）保持着無形的控制，並使得矛盾更形尖銳化。由於這些大公司仍從舊日殖民地抽取捐貢的結果，使富的國家愈富，貧的國家愈貧。」

可是美國 AFL-CIO 發言人也攻擊多國公司將本國工作機會外銷給別國人民，這種企業似乎是幾面不討好。究竟這種企業的功過如何論斷呢？

現擬自政治、經濟與技術等方面觀點，分析多國公司的影響作用：

(一) 政治影響　由於多國公司在地主國之投資事業必須遵守一國以上的管轄，因此使地主國感到其主權受到侵犯。例如數年前福特汽車公司在加拿大的附屬公司，爲遵守美國政府對鐵幕國家禁運規定，拒絕出售汽車予中共，遂被加拿大政府認爲其主權受到侵犯。(事實上，此乃由於第三者之播弄以圖困窘兩國政府 (註14))。由於此類衝突存在可能性，遂使有些國家，例如加拿大、日本、南非聯邦，

註12　Robert W. Stevens, *op. cit.*,

註13　*ibid.*

註14　Litvak and Maule, *op. cit.*

對外人投資事業頒發「良好公司公民守則」(Guidelines for Good Corporate Citizenship)。

又於1972年7月，聯合國經社理事會的經濟委員會通過一項決議，要求聯合國秘書長華德翰任命一個小組，負責調查多國公司的行爲，並負責草擬一項「多國公司行爲規範」，即由於智利代表指控稱，美國的國際電信公司(ITT)試圖推翻智利現行政府(註15)。

有時，由於地主國對於外人投資事業採取某種措施，例如沒收、充公或歧視待遇等，還可導致國際爭執。例如美國國會曾通過Hickenlooper法案，授權總統得對此等地主國採取停止援助及(或)實施經濟封鎖等報復措施，在這情況下，每造成兩國間嚴重危機。

爲避免這種危險，有些多國公司遂在一具有中立色彩國家，設立投資握權公司，遇有爭執時，由此第三國政府出面設法解決，使問題較爲單純化。

(二)經濟影響 在經濟方面，地主國最感關切者，應爲本國經濟之穩定和成長問題。而多國公司在於一國之決策，譬如投資多少以及技術引進或發展情形，皆可影響一國經濟成長，故等於一國經濟可受國外公司當局之操縱。由於後者所考慮者，乃其整個世界市場之目標及策略，自然也會造成衝突。

此外，多國公司對於一國之貨幣政策、財政稅收、支付餘額、就業情況均可造成相當影響作用，例如近年來屢次所發生的國際貨幣危機，論者常歸咎於多國公司之移動資金及外滙調度，認爲要負起大部份責任。

(三)技術影響 迄今自開發國家將工業技術傳遞到開發中國家，最重要之媒體，即係多國公司。尤其今天多數多國公司存在之理由，愈來愈是其科學或管理技術上之優越性，更增加這一影響作用的

註15 國際經濟資料月刊，第29卷第2期(民國61年8月25日出版)，第99頁。

重要意義。

首先，多國公司擁有遍佈世界的行銷單位，從事發掘各地人民對於各種產品及勞務之需要。再配合以研究機構及連繫，在全世界尋求科學技術之新發展。然後透過中央機構、溝通系統及雄厚資源，使甲地所發現之技術辦法可用以解決乙地之問題或機會。尤重要者，由於所擁有之世界性市場和龐大銷售量，方能充分利用此等新技術，發揮規模經濟 (economy of scale)。

如前所稱之授權，即係一種技術傳遞 (technology transfer) 方式，不過這只是整個技術傳遞的一小部份。依學者分析，可將傳遞方式分為直接流通 (direct flows) 與間接流通 (indirect flows) 兩種類型 (註16)：

(1) 直接流通：

－由於銷售新式產品予地主國；

－訓練當地人民使用某種新設備、新產品；

－訓練當地工人製造技術；

－由於建設新式社區，引進進步之建築、教育及衞生觀念和技術；

－由於採購合格材料或零組件，協助當地供應者改進其管理或生產技術；

－在當地建立研究單位及設備，和世界各地研究機構保持交流，並培養當地研究人員。

(2) 間接流通：

－提供地主國人民或企業人員以觀摩仿效機會；

－為某類產品創造基本市場，因而在當地刺激有關工業之發展；

註16 James B. Quinn, "Technology Transfer by Multinational Companies," *Harvard Business Review* Review (Nov.-Dec. 1969), pp. 147-161.

－由於作風新穎而積極，例如大量廣告，利用貸款態度，影響當地人之觀念和行爲；

－所形成的競爭壓力，促使當地企業不得不謀本身管理及生產技術之改進。

從長期而言，多國公司對於地主國未來發展之最大貢獻，即在於所具備之技術傳遞功能。不過多數國家考慮其和多國公司的關係時，常從財政觀點出發，例如：投資金額、進口配額、出口津貼、滙率、滙款、稅收等方面；而忽略了考慮公司所引進者，係屬何種技術，以及如何加以擴散。譬如有關其人員訓練計劃辦法，管理制度、當地研究及教育活動之參與，當地採購政策及對於供應者之協助，顧客服務、產品發展等方面。在相當程度內，地主國政府應利用種種獎勵及規定，要求多國公司能在技術傳遞方面爲當地企業、經濟及社會提供更大貢獻。

第 三 章

國際行銷管理之整體觀

第一節　國際行銷管理之特質

當一企業進入國際市場後，無論所採途徑為何—外銷、授權、委託製造、合資或獨資等等—對於其各種功能之管理，都將具有重大的意義。但其中最富挑戰性者，恐怕還是在於行銷功能 (marketing function) 方面的管理。

所謂行銷功能的管理，依史騰敦 (William J. Stanton) 教授，可界說為:「一種由各種相互作用之企業活動所結合的整體系統，此種活動係設計以規劃、定價、推銷、分配對於目前及潛在顧客具有滿足需要能力之產品及勞務(註1)。但以此定義應用於國際企業之行銷，主要有以下幾點之不同:

第一、其活動環境遠較國內為複雜。無論自整體觀點，譬如包括各國經濟、政治、法律、文化環境;或自個體觀點，包括各國消費者之購買動機，購買習慣以及溝通方式，都表現有極端紛歧之現象。故同一產品，在甲國視為大衆化產品者，在乙國却視為表示社會地位之擺飾品 (例如收音機在美國和在非洲家庭之不同意義); 或在甲國之推銷應以婦女為主要對象，但在乙國則婦女幾無購買之發言地位（例如婦女在美國及中東地區地位之差異)。因此要將如此不同的環境儘可能納入一個行銷管理系統之內，其較國內行銷為困難十倍以上，不

註1　William J, Stanton, *Fundamentals of Marketing*, 3rd ed. (N.Y.: McGraw-Hill, 1971), p.4.

言而喻。

第二、然而一般管理者由於本身生活和教育背景的影響，常在有意無意之間，對於國外不同之環境狀況，持有某種偏見或誤解，以致透過其有色眼鏡去瞭解各市場狀況，每難獲知眞相。例如和國外客戶通信久未見覆，對於美國人來說，以爲對方對於所提出事項不感興趣；但實際上，却可能眞正代表對方認眞考慮此事，不願輕易作答（註2）。

第三、爲要瞭解各市場之實際狀況，常有賴搜集事實資料，予以分析。但實際上，在於不同市場，此種資料之完備程度相差天壤：譬如在若干已開發國家，尤其美國，有關基本經濟、社會、人口及企業資料經常由各政府部門發表，而且還有各種商業性服務機構以一定費用，代爲調查或搜集所需資料。但在其他多數國家，無論在現有資料之完備程度，或是搜集原始資料之設備及便利方面，均甚欠缺，以致無法獲得所需資料，以供擬訂行銷計劃之依據（註3）。

（一）行銷常遭疏忽之原因

卽由於上述因素之影響，造成多數國際企業在開始進入國外市場時，對於有關行銷因素不加探研。以我國內企業言，一般多採外銷方式，由於缺乏行銷觀念，兼以本身規模較小，對於訂單取得，多採機遇方式，或透過外國商社或洋行，故認爲瞭解國外市場因素，不是無此必要，卽係無能爲力。

卽以美國國際企業言，依最近研究，在其國際性投資決策中，也常疏忽行銷之一環。而所注意的，多屬於如何尋覓當地合夥人，如何

註2 Edward T. Hall, "The Silent Language in Overseas Business," *Harvard Business Review* (May-June 1960), pp. 87-96.

註3 Harper W. Boyd, Jr., Ronald E. Frank, William F. Massy, and Mostafar Zoheir, "On the Use of Marketing Research in the Emerging Economies," *Journal of Marketing Research*, Vol. 1, No. 4 (Nov. 1964), pp.20-23.

取得當地政府核准投資，或廠房建造之類問題，而未充分考慮當地市場之種種特色，例如：競爭狀況、市場飽和程度、分配結構、行銷成本、運儲設備、推銷條件、產品政策等方面，以致造成日後若干嚴重問題。例如（註4）。

1. 進入一市場之方式選擇錯誤　譬如一美國藥廠未能事先分析一亞洲市場之潛在需要，即決定將一種新產品授權當地藥廠製造，結果後者大獲其利，而美國藥廠後悔不已，認為當初應可採取獨資或至少合資方式經營，將不致失去大好機會。

2. 對於一市場成敗關鍵因素判斷錯誤或加忽略　例如一家著名的美國消費品製造公司，在日本市場遭致失敗，事後分析其原因，發現其錯誤在於不瞭解當地市場情況，尤其是競爭力量和分配結構方面。

3. 限制其未來經營之彈性　又如美國一家製造一些初級工業機械公司，鑒於其產品外銷一東南亞國家情況發展良好，遂決定在當地製造。日後却發現在市場難以立足，因為這種機械之製造不需特別技術，當地廠商很快即可自製。而這家美國投資工廠所用設備又係本國工廠所已淘汰者，自然無法和使用新式機器之競爭者對抗。

4. 忽略創新機會　由於忽略市場及行銷因素，以致錯過引進新式行銷技術之時機。例如一與日本當地商人進行合資事業的美國公司，由於未能在開始時提出一有效之行銷策略和計劃，一切遂受其當地合資者之支配，等到發現情況不理想再加改進，遂遭遇合資者堅決之抗拒。

5. 缺乏清晰之行銷策略及路線　例如一家在一亞洲國家進行合資事業的美國公司，由於事前和合資者都只注意生產方法、產品品質或

註4　Michael Y. Yoshino, "Marketing Orientation in International Business," *MSU Business Topics* (Summer 1961), pp. 58-64.

財務管理，而未考慮行銷政策——尤其在推銷和分配方面——以致日後發現，他在這方面的想法，竟和其合資者存在有南轅北轍之差別。

實際上，當一企業向國際進軍，有賴其在各管理方面——財務、生產、控制、人員——積極有效的做法，但成敗之關鍵往往爲其行銷技術及能力。這並非謂，公司可將其在其他市場使用成功之行銷方法及技術一成不變地移植於一市場，而是說，他必須要瞭解後一市場之消費者及其需要之特色（註5）。

（二）國際行銷之任務

在某種意義上，國際行銷和國內行銷並無基本區別；有關之基本觀念、技術和工具都是相同的。所不同者，在於應用方面：如何配合不同的環境予以選擇應用。這有賴於：一方面充分瞭解當地市場之特殊狀況，另一方面有效運用各種行銷方法和工具。然後配合應用於下列五項基本決策（註6）。

1. 國際行銷決策 一公司進入國際市場，其背後動機可分兩大類；一類可歸納爲「推」（push）的因素，此即基於國內環境之日趨艱難，例如產品已達生命循環末期，競爭劇烈，產能過剩等。另一類可歸納爲「拉」（pull）的因素，例如國外市場之成長與對於投資之吸引等（註7）。但是一企業之眞正決定進入國際市場，這還要看他決定國外之市場機會及公司本身資源，是否值得向國外發展。

2. 市場選擇決策 僅僅達成進入國際市場的決定是不夠的，必

註5 David S. R. Leighton, *International Marketing: Text and Cases* (N. Y.: McGraw-Hill, 1966), pp. 10–11.

註6 Philip Kotler, *Marketing Management: Analysis, Planning and Control*, 2nd ed. (Englewood Cliffs, N.J.: Prentice-Hall, 1972), pp. 851–852.

註7 Richard D. Hays, Christopher M. Korth, and Manucher Roudiani, *International Business: An Introduction to the World of the Multinational Firm* (Englewood Cliffs, N.J.: Prentice-Hall, 1972), pp. 320–324.

須等到認眞選擇一特定市場時，這決定才有眞實的意義。如前所述，選擇進入市場可採機遇方式，可採逐國分析方式，亦可採全球規劃方式。在後一方式下，市場之選擇應始於公司之長期目標及策略，然後分析達成此等目標與策略之具體途徑，而各供選擇之市場或其組合，不過是代表這些途徑而已（註8）。

3. 進入方式決策　一旦公司當局認爲某一特定市場代表一有利之機會，此時卽需決定其進入方式：外銷，授權，合資，獨資等，如前章所稱，每一方式均有其優點、缺點及其適合條件，應加愼重考慮，然後決定以何種方式進入此一市場並加以經營，最爲有利。

4. 行銷組合決策　針對這一市場，設計一適當之產品、定價、分配及推銷計劃。

5. 行銷組織決策　決定一最佳組織方式以達成及保持對這事業之有效控制。有關（4）（5）兩項將留保下節「國際行銷規劃」中再加說明。

如上所述，行銷經理人員爲有效達成上述決策，他必須：第一，對於行銷觀念，手段及技術方面，具有充分瞭解及運用能力；第二，他能分析各國消費者之行爲模式並評估各市場間之異同；第三，他應具有卓越管理能力，以組織、規劃、協調及控制較國內市場爲複雜之國際行銷活動。

第二節　國際行銷規劃

擬訂一國際行銷計劃，基本上、和擬訂一國內行銷計劃也大致相同；可分別自確定目標、選擇策略、協調、組織及控制各方面予以考慮。

註8　George A. Steiner and Warren M. Canon, *Multinational Corporate Planning* (N.Y.: Macmillan Co., 1966), pp. 11-13.

（一）確定目標

公司每進入一新市場，必須先根據總公司之基本目標及資源條件予以評估，譬如發現一市場雖可帶來立卽利潤，但自長期言，却無發展可言；或另一市場雖然容易進入，但却難以發展獲利，則都有愼重考慮之必要。因此清晰確定總公司及一子公司之目標，並分析其間關係是否配合，不但有助於消除其間可能之矛盾與衝突，且可使所有海外事業所採政策均能互相配合。

一旦目標獲得確定，公司當局必須決定是否願意投下足夠資金，人力於這市場，俾可獲得成功經營；或抱持觀望態度，準備隨時退出。如果缺乏這種決心，可能導致利用若干有欠理想之推銷、通路或組織方式，以致造成失敗後果。

一般言之，在一特定市場之行銷目標可分兩種類型：一爲爭取基本需要（primary demand），或創造新顧客；一爲爭取選擇需要（selective demand），或對抗競爭。就前者而言，究竟所能增加或擴大基本需要之程度如何，每和當地所得水準、所得分配、人口分佈、都市化速度、工業發展以及文化態度有關。

一市場內對於某些產品之需要，常和當地所得結構關係十分密切，如彩色電視機，像在美國此種所得水準極高之市場，銷售者可迅速將其推銷供絕大多數市場購買。但在所得水準較低國家，情況與此不同，只有少數人具有購買能力，如將擴大基本需要之目標定得太高太快，則所投下之力量不是得不償失，就是白費氣力。故在這情況下，基本需要目標之訂定應配合考慮一市場發展之階段，俟達相當密度後才企圖予以爭取。這一因素不但和一市場之現有所得水準有關，也和經濟成長速度有關。

就後一類型目標言，依 John Fayerweather 之分析，應考慮兩項環境因素(註9)。

1. 限制競爭之力量　在有些市場，其政治制度對於卡特爾之類企業聯營組合採取容忍態度；甚至有些政府還認爲，過度的競爭將造成資源的浪費。又在有些社會中，對於行銷活動抱有懷疑態度。在這類情況下，一外國公司恐怕都必須要自行約束，避免被認爲破壞現有秩序，招致反感。

2. 購買者接受改變彈性大小　這和一國人民所持文化態度有關。有些社會中，人們較爲傳統化和保守，不易改變購買習慣及品牌忠心；反之，在另外有些社會中，則人們追求新穎事物風氣至爲普遍。

凡此兩項因素均可影響一公司訂定其市場競爭目標之高低。

（二）選擇策略

一公司爲能有效達成對於某一市場所訂定之目標，必須依賴所能掌握之各種行銷手段：產品、定價、推銷及分配；也就是一般所稱之「可控制變數」(controllable variables)。而其組合運用此等手段之方式，即屬於一種策略之選擇，所選擇之結果，也就是此一公司在這市場之「行銷組合」(marketing mix)，構成其行銷計劃之核心(註10)。

有關此等行銷手段之討論，可見於一般行銷學教科書，不擬在此贅述(註11)。目前問題是：「當一公司自甲市場移向乙市場時，所採行銷組合，是否須加變更？如須變更，如何變更？」

這一問題頗不易回答，因爲，一方面，沒有一種最佳的行銷組合策略可以普遍適用於所有市場——即使它在其中某一個或少數幾個市

註9　John Fayerweather, *op. cit.*, pp. 94-99.

註10　Neil H. Borden, "The Concept of the Marketing Mix," *Journal of Advertising Research* (June 1964), pp. 2-7.

註11　William J. Stanton, *op. cit.*, ch.2. pp. 21-39, and Philip Kotler, *op. cit.*, Ch.2, pp. 29-47.

場獲致成功。行銷經理必須配合每一市場之特殊情況，尋求最適合當地之行銷組合策略。

果眞如此，則一公司可針對每一市場擬訂個別策略，以爲配合。但是實際上又非完全如此；如果撇開表面差異，深入分析不同市場間消費者與所購用產品間之關係，則又將發現有許多基本上之共同點。例如工業設備常採直接通路，人員推銷較廣告爲重要；大量生產之日常用品則流經較長通路，廠商企圖利用品牌和廣告創造品牌印象以保持顧客認知和忠心，都是非常普遍的做法。

又如在不同市場中，消費者利用不同交通工具以便利其日常生活中交通之需要，也和當地經濟發展，地形等有關。從更高一層分析其間關係，還是具有共同法則。因此爲不同市場設計行銷策略時，仍應儘可能自異中求同，求某種方式和程度之一致。

第三節　協調及組織

（一）協調

上節所言，實際上即已觸及國際行銷管理上一核心問題，也是國際性企業力量之所寄，此即如何協調及結合各個市場間之行銷策略和計劃。

這種協調作用，至少具有下列三方面之好處：

第一、可以獲得規模經濟，減少生產及行銷成本；例如產品設計、包裝以及廣告之類，如能一次規劃而供各市場利用，則可避免工作重複，節省費用。

第二、可以建立產品或公司之國際印象：譬如經過良好協調，使公司能夠利用國際性廣告媒體（如生活雜誌國際版）將有助於公司地位象徵意義之提高。

第三、可以配合今後國際旅遊人士之需要：可以發揮較大之吸引作用，增加購用可能。尤其依讀者文摘調查，近年以來國際旅遊風氣至爲盛行，在歐洲各國人民中，在最近三年內曾出國之人數之百分比：法國22%，西德 32%，意大利 10%，荷蘭 43%，比利時 40%，盧森堡 73%，英國 13%。

協調之一極端做法，爲統一各地區行銷計劃及策略，但這是辦不到的。因爲各市場消費者特徵及外在環境和文化態度不相同，難以有效統一；而語言文字之紛歧，更是構成協調上一項基本阻碍。

一般說來，在於折衷上述兩方面之考慮後，在產品規劃方面，不同市場之產品可能在基本特徵上係屬一致；僅在表面或枝節問題上，配合當地情況，予以調整。而如廣告之處理較不一致，受產品性質影響頗大；例如工業品廣告之規劃較爲一律化，除當地所用文字外，其他在圖案，內容及佈局等方面都大致相同；而消費品（如肥皂、刀片和食品等）之廣告，較趨向於地方化，國際性媒體較少使用，也許在內容上只有主題（theme）相同以資連繫。

（二）組織規劃

國際行銷組織可建立在功能、地區或產品之基礎上，已如前章所述。實際上，這三個基礎可能互相交叉配合，譬如一個依產品線組織的公司，却可能在產品事業部門下再分設地區單位，各有其幕僚人員之支持，如圖（3-1）所示（註12）。

不管那種組織方式，總公司中總要有人負責國際活動之成敗，目前較常利用之方式大致有下列五種：

(1) 國內高層管理人員，例如總經理或負責行銷副總經理，雖然有國際事業部，但只負責經常性業務之協調，而非基本政策問題。如

註12　Cateora and Hess, *op. cit.*, pp. 482-483.

圖 3-1　產品-地區之交叉組織結構

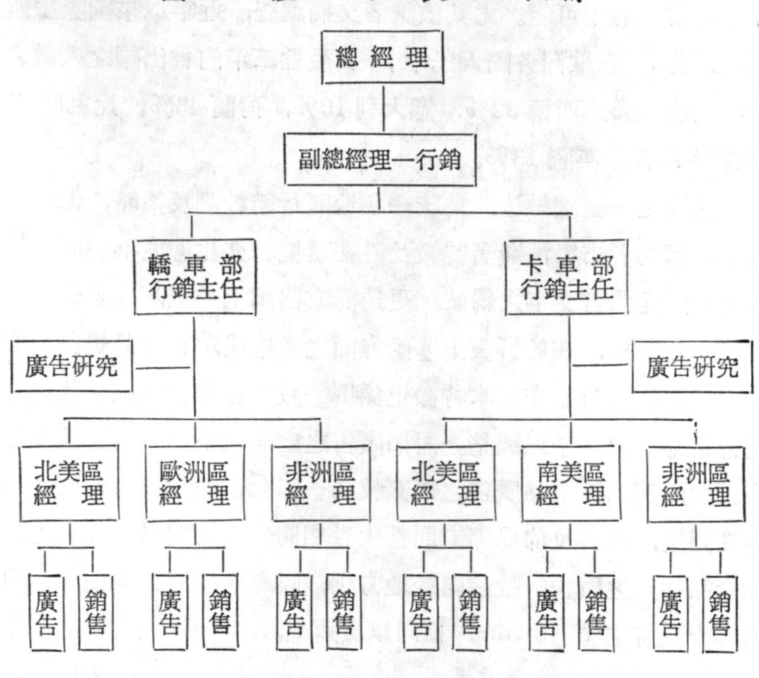

Colgate-Palmolive 與福特公司即係如此。

(2) 外銷部經理或一附屬貿易公司總經理，由其負擔較完整責任。

(3) 各功能部門，例如所有國外銷售活動歸總公司之銷售部門負責管理，所有廣告活動歸另一廣告部門負責。在這方式下，行銷任務係加以分割，例如：①一般行銷管理（產品、定價及一般策略），②銷售，③廣告，④行銷研究，⑤實體運儲，⑥顧客服務。

(4) 產品經理，由其負責產品在國內外之銷售，但由於所負責範圍之廣泛，常賴指定有專人負責國外業務。而且各產品部門之內部組織可能互不相同。

(5) 外銷委員會，由行銷、廣告、生產及財務各部門代表組成，不過這一方式常見之於一新近進入國際市場之公司，而且是不準備積極作爲者。

至於總公司以外之組織，則可包括公司本身所投資之事業，附屬公司等，或外界機構。在不同之組織安排下，總公司所擁有之控制程度亦不同，（圖 3-2）即係依總公司所占有及控制程度不同，將各種組織方式予以表現（註13）:

圖 3-2　國際企業之外部行銷組織類型

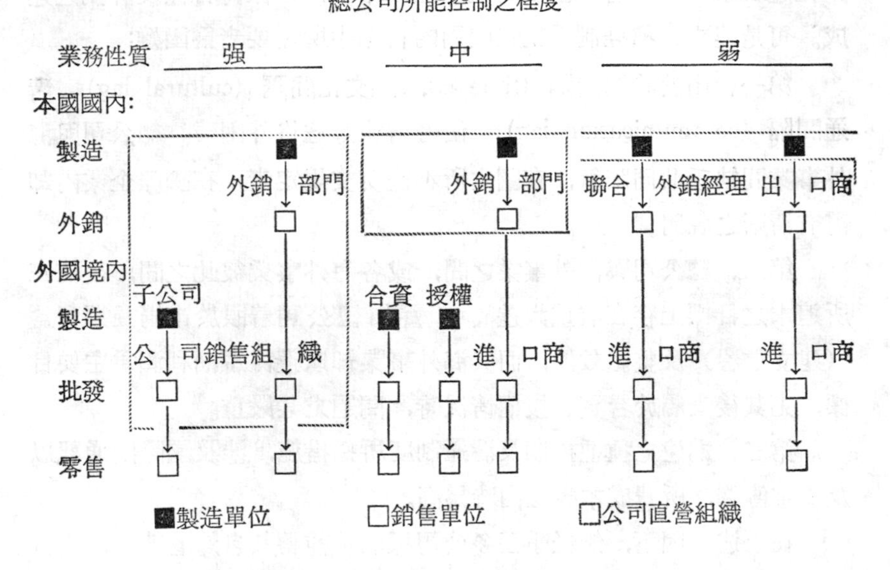

有關組織方式之選擇，亦已於前章內論及。

所須强調者，世界市場是如此變動不居與複雜，一公司之國際行銷組織不但要靈活運用不同方式以適合當地情況，而且本身要包含有動態成份在內。一個靜態的組織，譬如建立在固定之生產基地上，勢難適應這種市場動態情勢，譬如近年來德國 Volkswagen 之經營不利，即被認爲過份倚賴本國生產所致，因而決定向海外發展生產基

註13　John Fayerweather, *op. cit.*, p. 104.

地，即係一例(註14)。爲減少由於市場變動所造成之風險及干擾，規劃組織者即應依據行銷導向設計一動態之組織結構。

第四節　國際行銷控制

(一) 建立控制系統之基本策略

由於國際行銷所包括範圍之廣泛，內容之複雜以及各作業單位自主化之要求，亟待有一靈敏有效之控制系統，以保持目標及計劃之達成。可是建立這種控制系統也較國內行銷中所需要者爲困難:

第一、由於時間間隔 (time lag)、文化間隔 (cultural lag)、溝通間隔 (communication lag)，使得情報傳遞格外困難。總公司與海外事業間缺乏共同瞭解，在國內所不需明文規定者，在國際企業內却需有清晰之說明。

第二、總公司與海外事業之間，或各海外事業彼此之間，往往在所追求之目標上存在有重大差異。譬如總公司着眼於市場長期利益（建立信譽）及整體效能，而其海外事業却以獲得短期利潤爲主要目標，尤其後者屬於合資、授權情況時，問題尤其嚴重。

第三、爲建立種種控制及溝通制度所採措施，涉及國際間通訊以及文字傳譯，所費成本較國內時爲高。

在上述原因下，無怪乎甚多公司採取一種聽其自然的態度，或自認爲如此可收得彈性效果。實際上這只是一種動聽的藉口而已；爲使整個企業能有配合協調之表現，不管其究採集權或分權管理方式，都有待建立一有效之控制系統。不過這和公司組織結構具有密切關係。

首先，這種控制系統必須建立在良好的組織結構上。如果公司內部有關權責劃分係屬清晰與具體，則其活動之控制將較容易；反之，將

註14　"A Battered VW Begins the Long Road Back," *Business Week*, No. 2214 (Feb.5, 1972), pp.52-56

甚困難。其次，公司所採集權或分權之程度，亦嚴重影響此一控制系統。依史琴納 (Skinner) 氏之分析，總公司對於海外附屬事業過問之程度可有五種不同策略 (註15)：

第一、毫不過問，給予各事業完全獨立自主地位。

第二、由總公司建立策略目標及長期規劃，聽由各事業依此擬訂其個別目標及計劃。

第三、由總公司決定一般策略、政策，並進而過問各事業達成目標之功能規劃 (functional planning)。

第四、除上述外，有關管理人員之甄選、任用，具體計劃內容及實施程序均需經由總公司擬定。

第五、總公司過問具體之業務決策。

近年以來，有關控制之思想有一反數年前傾向於分權之趨勢，而主張由總公司集中較多功能。例如在 1972 年被 Dun's 雜誌推選為全美國最佳的五家企業之一的輝瑞公司，以往對於海外事業較傾向於放任自主之方式。但近年來，深感這種經營方式，對於整個公司而言，極為不利，尤其在於人員設備之利用，與新產品發展方面。因此改變方針，採上述第二種控制方式，由總公司統籌規劃全球業務，訂定長期和策略計劃，指導海外附屬事業之經營；有關新產品之研究發展由總公司集中管理，而改變以往各自為政之混亂狀況。不過這一政策改變，務使其不致損害各地區經理之主動創造能力為原則。這和近年來有關通訊及情報處理技術之進步有關；同時，總公司擁有較優秀與完整之人才，利用所獲得之情報，將可獲致較佳之決策。再者，各地方事業負責人所負職責可能是不完整的，譬如產品及價格即可能非他所能決定，如要他負擔經營效能之一般責任，亦有不當。

註15　Wickham Skinner, *American Industry in Developing Economies* (N.Y.: John Wiley & Sons, 1968)

(二) 控制範疇

行銷活動之內容如此複雜，爲便於分析、規劃及控制，可將其劃分爲若干主要範疇:

第一　銷量控制

銷量之常被視爲控制之標的，一方面由於這一資料最易取得；另一方面，亦因行銷目標常和這一項目直接有關。無論所爭取者爲基本需要或選擇需要，均應可換算爲銷量目標，以爲衡量之標準。不過在於後一情形，尙須計算市場佔有率之指標。

第二　價格控制

設如中間商、合資事業、授權者，甚或子公司所定價格過高或過低，卽使達致相當銷量或利潤，亦可能對公司不利，例如影響市場競爭地位，或導使價格戰爭之類。因此總公司對於定價功能必須保持基本上控制之權。但爲給予地方負責者相當彈性，可給予一定之限度，只有超出這一限度或低於一定限度時，才需向總公司報告。

第三　產品控制

爲保證產品適合一市場顧客之需要， 亦應將其納於控制系統之內。所謂產品是否適合，一方面爲產品之實體性質，如品質、性能、用途等；但可能更重要的，則爲所擁有之產品印象是否有利。如日本產品在國際市場上， 向以「低廉」「仿造」著名， 但戰後由於技術水準提高及有計劃之推銷政策實施結果， 終於改變此一不利印象 。此外， 產品經過長途運輸之後，是否能保持良好狀態，以及提供服務是否適當，均需考慮予以控制。

第四　推銷控制

廣告和人員推銷代表兩項基本推銷手段，究竟總公司所要控制之程度爲何，須視集權或分權之政策而定。如係分權管理，則總公司對於各市場之廣告，只過問成本及成效；反之，如係集權管理，則將要求各地方單位提供經常性之衡量報告。

第五　通路控制

由於海外行銷成敗繫於所選擇通路是否適當之成份甚大，故對於通路成效如何，亦需經常搜集有關情報以供評估。所採標準，除銷量外，可能爲其定價、服務、推銷、供應速度、付款快慢等。不過有些資料既非公司內部記錄所有，也無法由中間商提供，則必要時，將進行消費者或用戶調查。

第六　行銷人力控制

由於人力素質及運用關係事業成敗甚大，尤其海外事業遍佈各地時，更須建立控制系統，俾可對於各地事業在於人力運用、培育及報酬等方面情況，保持密切瞭解。一般而言，總公司所關懷者，僅限於高層行銷管理人員，但近日由於資料處理技術及通訊方法之進步，包括範圍有擴大趨勢。

第七　利潤控制

由於利潤代表幾乎所有行銷活動之結果，故利潤控制更不可少，利潤報告代表一事業之經營整體效果及當時市場狀況，對於總公司言，乃係極其重要之情報。

不過利潤的意義容易發生混淆，譬如：是否要等到利潤滙返總公司才算實現，或繼續投資當地事業也一樣可算。同時，總公司尙須考慮，所追求者，爲一地方事業之最大利潤，或整個公司之世界性利潤之最大；又有長期利潤與短期利潤之選擇。

凡此皆說明有待集中考慮與決定之必要。

（三）國際行銷控制之特色

就基本程序而言，似乎國際行銷控制系統與國內行銷控制無大差別。但實際上頗爲不然，國際行銷控制之對象遠較繁複與困難，而一切設備工具亦較欠缺，因此表現於國際行銷系統者，大致有以下幾點特色(註16)：

第一、較爲簡單切實，不像國內行銷控制之完整與理想。

第二、較爲重視所增加之成本或費用，如某項控制活動或情報之取得，可能得不償失時，卽予放棄。

第三、以迅速靈敏爲重要條件，以配合國際市場迅速變動之特質。

第四、必須配合不同市場或不同附屬事業之需要。

第五、可行性重於邏輯合理性，譬如對於某種情報之搜集與處理，卽應考慮是否可行與能否加以充分利用，以爲取捨標準。

註16 Cateora and Hess, *op. cit.*, pp. 591-592.

第四章

國際行銷環境

在前章中，作者曾一再强調國際行銷管理之特質，係在於其活動之環境遠較國內為複雜，再加上管理者本身文化背景之影響，以及取得有關環境眞實資料之困難，構成國際行銷管理之主要問題所在。因此本章即擬針對此一國際行銷環境，做一扼要與有系統之探討，並提供一可供分析使用之構架。

第一節　行銷環境與行銷制度

研究行銷行爲或問題，可自總體（macro-）或個體（micro-）兩階層。自前者言，係視一國家或市場之行銷制度爲整個經濟制度之一部份，由其擔負種種重要經濟功能，例如決定生產什麼，生產多少，由誰生產，何時生產以及爲誰生產，並藉由此等決定以創造產品之時間、位置及佔有效用（註1）。

而自個體階層言，係以一個別企業爲單位，觀察並分析其如何擔負上述功能。以本書所採立場言，即係自此一階層，探討個別企業如何從事其國際行銷管理工作。不過事實上這兩階層之研究具有極密切之關係，一方面總體行銷制度之表現，即係由無數個別企業之行銷活動所構成；而另一方面，一個別企業之選擇其行銷方式及策略，必不可免要配合或適應整個行銷制度。

註1　E. Jerome McCarthy, *Basic Marketing; A Managerial Approach*, 4th ed. (Homewood, lll.: Richard D. Irwin, 1971), pp.8~9.

(一)國內行銷、外國行銷、比較行銷與國際行銷

傳統之行銷管理，因係以個別經濟制度為其活動範圍，因此討論行銷問題，常局限於一特定之整體行銷制度之內，屬於所有企業之共同外界環境。因其具有共同性，故常未給予特別注意。

但由於各國行銷制度之差異，遂引起學者對於國外行銷制度之好奇，進行探討與研究：一方面自總體觀點，設法予以解釋；另一方面，亦自個體觀點描述及分析個別企業之行銷活動。這種研究遂形成一種「外國行銷學」(Foreign marketing) 例如美國行銷學，日本行銷學之類。

再進一步，學者比較兩個以上國家行銷制度之差異，例如在分配結構，推銷水準，價格構成等方面，企圖自該國家之更廣泛之環境因素予以解釋。例如零售商店之規模或經營方式之差異，乃由於兩國在經濟發展階段，顧客購買習慣，交通便利程度等方面之不同所造成。因此藉由發展出更高一層之原理原則，這也就是一般所稱之「比較行銷學」(Comparative Marketing)。

然而無論國外行銷學也好，或比較行銷學也好，所考慮的行銷環境都是局限在一個或幾個國家之內，而事實上有日益增多之行銷活動乃發生於國家或市場之間，例如兩國之間的貿易，投資活動。在這種場合下，所涉及的環境因素較前此更為複雜。例如關稅，配額，外交關係、外滙管制，保險等等，都不是一個國家市場內之行銷活動所有的。因此，為擴大研究在此種「國際環境」下的行銷活動，遂產生目前之「國際行銷學」(International Marketing)。

由上述討論中，似可歸納一點，此即國內行銷，國外行銷，比較行銷，國際行銷之差異，不在於行銷活動本身，而在於此等活動所發生之外界環境屬於何種範疇或背景而定。因此在本書中，自應對於國

際行銷環境，給予特別之重視(註2)。

(二) 各國行銷制度之根源

如前所述，不同國度或地區的行銷制度，常有極大程度的不同。瞭解它們何以會不同，乃是今日國際行銷之基礎。

一個社會乃由各種制度所組成，最爲基本者，一般說來，有社會制度、宗教制度、教育制度、家庭制度等。這些制度彼此間交互影響

圖 4-1　行銷制度與其他社會基本制度相互關係

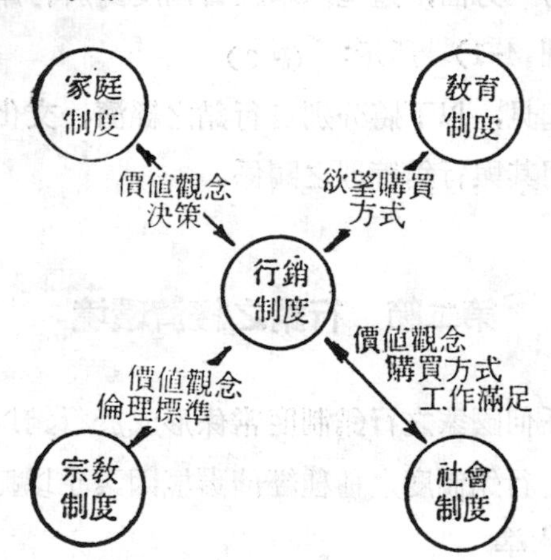

和作用，其間關係至爲複雜，不在本文探討範圍之內，我們所討論

註2　以上討論可詳見：Robert Bartels, "Are Domestic and International marketing Dissimilar?" *Journal of Marketing* (July, 1968), pp. 56~61.

者，是它們和行銷制度的關係。

行銷制度，表面上看，只是代表一種供應產品或勞務予消費者的程序。但實際上，和上述基本社會制度有極其密切之關係。一方面，這些基本社會制度也是爲滿足人類各種需要而漸次發展的，例如宗敎滿足精神上之需要，敎育滿足知識上的需要，家庭制度滿足性和種族綿延的需要，社會制度則所滿足之需要更爲複雜。但這些需要之滿足常難脫離種種用品和服務，而這些用品和服務乃透過行銷制度予以供應，例如宗敎用品、敎育用品、家庭用品等，然後這些制度乃能充分發揮其功用。在另一方面，這些基本社會制度對於行銷制度也有相當影響作用，如（圖 4-1） 所示：（註 3）

爲方便討論起見，以下將分別自行銷之經濟、文化、政治及法律各方面環境，說明其與行銷管理之關係。

第二節　行銷之經濟環境

如前所稱，任何國家之行銷制度常係形成於行銷以外之環境因素中，本節將就影響行銷制度之種種經濟環境因素予以扼要說明。

（一）所得水準

甚多行銷制度間之差異，顯然即係反映經濟因素方面之差異，譬如依所得水準爲標準，可將各國區分爲低所得，中等所得和高所得三類：

1. 低所得國家　如果我們將所有平均的個人所得在四百美元以下的國家，都稱之爲低所得國家，則世界有一半以上人口都屬於這一類國家。從經濟觀點看，這些國家的行銷活動甚爲簡單；尤其在於若干仍停留於自給自足爲主的社會，交易數量既少，產品種類亦甚單

註 3　John Fayerweather, *op.cit.*, pp.21～25.

純，分配方法多甚原始。推銷活動或亦存在，但亦甚單純。

2. **中等所得國家**　例如法、德等國，亦可包括日本在內。它們和前一類國家中最大不同者，在於消費者任意性購買力之存在。因此產品種類、通路類型、廣告推銷方法等，都遠較在前類國家中為複雜。

3. **高所得國家**　以美國代表最極端例子，他們和中等國家消費者相較，擁有更充分之購買力。在中等所得國家中，一般人有能力購用某些現代化物品，但一般仍不能全部獲得滿足，而必須從一部汽車或一次國外旅行中選擇其一。可是在高所得國家中，他們多已擁有這些物品，所需要者，是更新、更好的東西。在這情況下，行銷制度的使命不僅要能供應更多更雜的產品和勞務，尚須能刺激和影響購買需要和動機。

（二）經濟發展階段

一般言之，隨著一國經濟發展和工業成長，其對於行銷機構和功能的需要也跟著不同。一國經濟發展程度愈高，則所需要之行銷機構愈專業化和高級化，以提供日益增加之行銷功能。例如以分配結構為例，根據一項研究，有以下之關係（註4）。

1. 發展程度愈高之國家，其分配層次亦愈多，同時在零售機構方面，也有較多之專門商店，超級市場，百貨公司及位於鄉村地區之商店。
2. 國外進口代理商之影響力量隨之減弱。
3. 廠商——批發商——零售商之功能逐漸分離。
4. 批發商之功能將日趨類似於北美洲之同業。

註4　George Wadinambiaratchi, "Channels of Distribution in Developing Economics," *The Business Quarterly* (Winter 1965), pp. 74~82.

5. 批發商之融資功能逐漸減少，但批發毛利率提高。

6. 小型商店數目相對減少，商店之平均規模增加。

7. 旅行商人，流動攤販以及公開市集亦日趨減少。

8. 零售毛利率亦隨同增加。

分配結構有這種發展趨勢，同樣也發生在其他行銷服務機構方面，例如廣告公司，行銷研究機構，消費者信用機構，倉儲運輸公司等。儘管在改變速度或具體細節方面，各國不同但基本發展方向應屬相同。

除了一國所處之經濟發展階段外，其發展之動態程度，也對於行銷制度具有極大意義。在一發展較為停滯的經濟中，消費型態大致固定，行銷活動也多例行化；但如果一經濟飛躍前進，行銷制度必須能迅速發掘新的需求型態，自行調整以求適應；或透過分配或推銷活動以影響需要改變之方式。例如以西德為例，在1953年時，一家庭之平均所得中，有92％係用於生活必須支出：但至1967年時，所得增加大約一倍，但購買奢侈用品之支出比例，却從8％躍登至33％之多。

（三）地理因素

各種地理因素，如氣候、地形、人口分佈、自然資源等，對於一國行銷制度，也都發生直接或間接影響作用。

種種氣候特徵，如溫度、雨量、溼度等，對於當地使用之產品設備具有密切關係；因此一種產品之效用如何以及市場需要大小，和氣候因素息息相關。適合於溫帶之產品未必適合於酷熱或嚴寒地區；同樣地，在於溼度高地區所生產之產品，也未必適合乾燥氣候中使用。前者如建築設備，後者如傢俱，即係如此。

地形對於人類行銷活動，也常具有決定性影響，例如南美祕魯，卽因天然地形發展爲三個地區， 其中以沿海之狹長地區發展程度最高，而其他兩地區在發展程度上，差別可以世紀計算。因此研究秘魯之行銷系統，將發現所謂的「秘魯市場」或「秘魯行銷系統」只是一個觀念上之名稱，在事實上是不存在的(註5)。

人口多少及其構成，乃是市場需要之基本決定因素，其重要性不容置疑。不過在此所擬討論者爲有關其地理分佈特色對於行銷制度的影響。在一地區內其人口密度高低，每代表市場密度高低，而間接又影響了在這地區內之分配結構及推銷方式。 例如在一較爲密集的地區，廠商可利用較短之分配通路，或藉由人員銷售以和顧客溝通；反之，則需要依賴批發商及其他較爲低廉之推銷途徑。

例如都市之形成，卽代表人口高度集中之結果，由於都市與鄉村行銷方式之差異，使得我人要瞭解一國之行銷系統，必須分析其人口在於都市與鄉村地區之分配與比重。

再卽爲各國在於自然資源方面之差異，不但可直接影響一國之產業及貿易發展模式，而且影響一國之購買能力高低。譬如若干盛產石油之國家，如庫威特、沙烏地阿拉伯，委內瑞拉等，其生活水準，購用產品種類及品質等無不受所生產石油之影響。

又有一些國家，本身並無豐富之自然資源，但由於所在地理位置及交通狀況，可輸入原料加工製造後，再行輸出，也一樣可獲得高度之經濟發展，例如早年之英國、近年之日本、星加坡卽係如此。

第三節 行銷之文化環境

前此所稱宗教、家庭、敎育和社會各種制度，都可以包括在文化

註5 Donald G. Halper, "The Environment for Marketing in Peru" *Journal of marketing*, Vol. 30, No. 3 (July 1966), pp.42~46.

範疇之內。不過，各國文化間差異狀況，錯綜複雜，甚難像在經濟方面那樣，將各國劃分爲若干類型。譬如法德兩國，在經濟水準上甚爲類似，但在文化背景方面，却相去甚遠。因此當分析各國文化背景時，常須採個別研究之方式。不過就宗教、家庭、教育、社會四方面分別來看，各國間也不無共同之處。

宗教 世界各大宗教，大致有其主要流行地區。譬如在北歐和盎格羅——薩克遜系國家（美、加及澳洲），基督教係爲大多數人所信奉，所謂「卡爾文主義」,(Calvinism) 或新教徒倫理，對於行銷制度產生極大影響作用。由於其主張努力工作、節儉、儲蓄，對於人們所購買產品之種類、購買方式、和經營企業作風，都有關係。

再就南美和南歐各國而言，係屬於天主教流行地區。中東以至北非，屬於回教勢力範圍。亞洲則盛行佛教。當地人民之道德倫理標準，遂深受此等宗教教義之影響。譬如回教徒禁食豬肉、飲酒；佛教和印度教強調精神價值，貶低物質慾望，都對於行銷制度和活動產生直接和間接之影響作用。

狄區特氏 (Ernest Dichter) 曾自宗教之影響作用說明各國人民對於廣告訴求之反應。他認爲，在淸教徒文化中，人們重視潔淨，故極重視沐浴及衞生用品。反之，在於天主教流行國家，則反認爲過於重視肉體，或使用過多之衞生用品，乃是不恰當的。因此法國廣告公司在設計牙膏廣告時，不說經常刷牙是絕對必要的事，而强調稱，這也是現代化的生活方式（註6）。

家庭 各國家庭制度大別爲三類。**第一類家庭**中，妻子傳統上係處於從屬地位，並和外界有相當隔離；而且對於家庭事務的決定，

註6 Ernest Dichter, "The World Customer," *Harvard Business Review*, (July-August 1962), p. 116.

只有極有限的發言和控制權。中東各國迄今仍或多或少保持這種狀態。**第二類家庭**中，妻子雖有較多自由和權利，但仍無疑處於從屬地位，丈夫對於絕大多數事項操有最後決定權，這一型態的家庭以在拉丁美洲較爲普遍。**第三類家庭**，夫妻大致處於平等地位，許多西歐和英語國家可列入這一類。這種關係直接延伸到誰來決定家庭購買和負責實際採購問題。

教育 這方面和行銷活動關係最密切者，應推文盲率高低和一般教育水準，這大致和一國的經濟發展程度密切有關。此外，各國所採行的教育方法也有不同，譬如，一般說來，歐洲教育制度下，對於接受高等教育者，選擇較美國爲嚴格。同時，歐洲教育較重視智識和思想之傳授，不如美國之重啓發和實務。凡此對於行銷管理人員之培養和行銷研究方式，皆有影響。

社會關係 雖然人類許多基本社會需要是普遍性的，譬如在追求社會地位，或隨羣願望方面，但是其具體之表現方式，却常隨社會而不同。以地位標誌 (status symbol) 來說，有些社會中係以美國貨或美國生活方式爲代表，只要誰能擁有這些標誌，便可贏得其他人的讚羡。但是，在另一些民族主義極爲强烈，或極端保守社會中，這些標誌反都成爲被排斥的符號。相反地，他們又有自己的地位象徵或標誌。因此研究各社會之行銷制度，常須先瞭解他們的價值制度，及其對於行爲之影響方向。

除了以上四方面的文化因素外，我們還可以包括各社會在於審美和格調愛好上的差異，例如反映在他們舞蹈、繪畫、音樂等藝術上面者。這對於行銷策略上，有關產品、廣告和包裝等設計，具有極重要影響作用。此外，又有所謂民族性的差異，譬如拉丁民族較爲熱情衝動，日耳曼民族較爲切實和理性之類，在在和行銷有關。

第四節　行銷之政治及法律環境

政治制度對於行銷的影響，多透過法令規章，和其他限制或輔導性措施，而產生具體作用，因此在本節中，乃將政治與法律環境予以合併討論。

(一) 政治制度

雖然各國政治制度紛歧複雜，無法一概而論，但就他們基本政治哲學而言，却可大致歸納爲兩種分類方法，其各自的分類基礎如下：一爲經濟活動係操於民間企業，或政府之手；另一爲對於企業集體行動所持的態度（註7）。

1. 就經濟控制權言　在許多國家，經濟活動主要係操之於民間企業之手，美國卽爲一重要事例。在這些國家中，政府的任務，主要爲藉由法令規定，以保障自由競爭和消費者權益爲目的。但在另外一些國家，政府却擁有較多之控制權，不過其中又有分別：共產集權國家的政府幾乎無所不管，在其他開發中國家或少數工業化國家中，政府控制程度則多少不等。例如在法國，雖然絕大多數工業屬於民間所有，但政府却有其經濟發展規劃，經與企業及勞工界協調後，爲民營企業訂定經濟目標及具體計劃。民營企業是否遵循這些目標或計劃經營，乃聽其自便，不過由於政府所擁有各種影響力量和控制手段，民營企業也不敢對政府公佈之經濟計劃掉以輕心。

一行銷經理在習慣上，常把他自己國家的政治狀況帶進國際市場，這是非常危險的，他必須能在思想上調整自己的主觀成見，以適應地主國家的政治狀況。否則，他將感到處處掣肘，事事不便。

2. 對於企業集體行動的態度言　美國的基本精神和其他國家至爲不同。美國的經濟政策係以保持競爭爲第一要務，因此對於企業

註7　John Fayerweather, *op. cit.*, pp.27～29.

獨佔、價格協議、市場分割等行爲，皆在嚴格取締之列。反之，這些行爲在許多其他國家，却熟視無睹。

這和一國的發展歷史和經濟條件有關。在一疆土狹小國家，例如歐陸各國，無法同時容納幾家大型公司存在，爲獲得大規模生產之利益，只好容許企業聯營。反之，美國市場廣大，同時可容幾家性質相同的公司，而且每家均可達到經濟生產的規模，則似乎沒有再聯營協議之必要。

因此，近年來，由於歐洲共同市場的逐步實現，對於卡特爾組織之限制，也漸趨嚴格。不過和美國的基本觀念不同者，依羅馬條約，他們所禁止者，只是不必要的和有害的獨佔組織。反之，如果一卡特爾組織之存在，乃係有利於消費者，則不在禁止之列。

（二）政府干預措施

除了上述較爲一般性之政治環境外，各國政府尙可能由於種種原因，對於企業活動採取各種干預措施，對於行銷管理上產生嚴重之影響。這種干預措施， 可自最激烈之沒收， 以至對於外滙、 進口、 價格、勞工政策多方面之管制，現簡單說明於次:

1. 沒收 (confiscation)　由政府將外人投資之企業收歸國有，包括給予補償及不予補償兩種情況 。 在歷史上 ， 地主國政府採取此種劇烈措施之事例頗多，自二次大戰以來， 較著名者， 例如 1952 年伊朗政府將英國石油公司收歸國有，1962年巴西政府接收美國國際電信公司及另一電力公司在當地投資之事業，1969年秘魯政府沒收美國標準石油公司在該國之資產，而最近智利左翼政府取得美國在銅礦方面投資，更是記憶猶新。

地主國採取這種激烈手段，其背後動機，除了出於民族主義情緒外，還可能有其他複雜的政治經濟因素:

(1) 保護本國工業;

(2) 保障本國人民，免於被外國企業之剝削;

(3) 避免外國勢力阻止本國經濟發展及社會進步;

(4) 保護本國傳統文化及價值;

(5) 出於對於國際企業人員的反感。

2. 外滙管制 (exchange control) 在於國際收支發生赤字或外滙匱乏國家，政府常對於外滙之供需及利用，加以管制；譬如限制進口外國物資所能獲得之外滙數額；限制出口本國貨物者所能持有和獲得之外滙數額；限制國外投資者所能滙出之利潤及資本數額之類。

這類限制措施顯然構成國際行銷之限制條件，不過如果一國政府爲達到吸引外人投資之目的，可能對某些管制措施，例如利潤滙出，加以放寬。

3. 進口管制 (import control) 所採措施，一般包括有許可證制度 (licensing)，關稅及配額制度 (quotas) 等，其目的皆在企圖控制貨物進口之類型及數量。

在許可證制度下，貨物在進口以前，進口者應先自政府申請獲得輸入許可證。在一極端情況下，某些貨物被列入禁止進口類別。除此以外，政府主管當局握有較大運用彈性。

政府亦可利用關稅以控制國外貨物進口類別及數量；如果某種貨物所應繳納之關稅超過其所能負擔之程度，則亦可收到禁止進口之實際效果。否則，隨關稅提高，其減少程度隨產品之需要彈性及代替品價格等因素而定。

配額代表一種較爲缺乏彈性之限制方法，其數額之設定，可採全球性基礎或個別國家基礎。一般又分爲絕對配額，關稅配額及自動配額（設限）三種。不過不管那一種配額限制，皆有其基本缺陷，此即妨害行銷程序之正常運行，並保障既得利益，使得經濟資源無法獲得最有效之利用（註8）。

4. 租稅　如果地主國對於外人投資事業利用租稅予以控制時，則租稅之徵收與稅率之訂定，亦將干擾行銷程序之進行。例如在歐洲國家中，有對轎車徵收一種道路稅，由於這種稅率乃根據車輛之大小，重量及馬力而不同，對於美國製造之汽車最爲不利，故此種租稅之徵收無形中影響了美國轎車之市場發展。

5. 價格管制　在於一國面臨或發生通貨膨脹危機時，政府可能針對某些重要物資，甚至所有貨物，採取價格管制措施。在這種情況下，從事行銷工作，將屬極端困難。

6. 獎勵外人投資　今日甚多國家，爲加速經濟發展，遂採取某些措施以吸引及獎勵外人投資，例如減免所得稅，輸入優惠，滙回投資利潤及資本之便利等。

7. 工會影響　在有些國家中，工會力量特別强大，常在政府之支持下，要求企業給予僱用工人以優厚之待遇或福利，例如禁止辭退，分享利潤等。這對於在當地從事產銷之國際企業，亦可能產生重大影響。

第五節　國際消費者分析

基本上，消費者的需要並不因國籍、種族不同而有何不同。所謂飲食男女，乃是人類普遍的需要。卽使再向上一層，在於追求較好的生活水準，例如較輕鬆的工作負擔，較舒適的生活方式，較多閑暇和娛樂，較高的社會地位等等，也並無二致。

可是一旦覺觸到這些需要的具體表現方式，不同國家或社會的消費者，由於前述種種經濟、文化及政治因素的影響，却產生甚大的差

註8　Miracle and Albaum, *op. cit.*, pp.74～75.

異，這是本節中所要討論者。

這種差異主要表現在購買能力、購買動機及購買方式三方式。現分別說明於次。

(一) 購買能力

一般用以衡量購買能力之指標係採國民平均所得。如前所述，世界各國之所得水準相差懸殊，現以美、英、日本、墨西哥、和印度五國為例，大致可代表自最高至最低之範圍。

表 4-1　各國消費者購買力指標資料

	美國	英國	日本	墨西哥	印度
國民平均所得*₂(美元)	3,551	1,437	1,109	512	73*₁
每日食物消費熱量*₂	3,140	3,250	2,350	2,640	2,110
每千人擁有：*₃					
電話	514	219	180	22	2
收音機	1,365	320	223	102	12
汽車	412	196	52	21	1
*₁ 1967	*₂ 1968	*₃ 1969			

(資料來源: Indicators of Market Size for 140 Countries, *Business International*, 1970 Reprint edition)

所得水準之高低，不僅可影響整個購買或消費能力，且可影響其消費模式。以基本生活需要而言，受所得水準之影響較小，如上表中各國消費者每人消耗食物熱量數字顯示，美國消費者平均所得約為印度之五十倍，但食物熱量消耗只不過多半倍。如再以英美兩國或日墨兩國分別比較，則所得水準較高國家之消費者，所消耗食物熱量反而較低。說者認為，此乃因所得水準高者，常可利用各種代勞工具，減少體力操作，因此所需熱量較少之故。

反之，所得水準對於若干較高級或奢華產品之消費，則影響極大，此亦可自上表中各國消費者每千人擁有電話、收音機和汽車數看出。換言之，所得較高國家中，其國民消費支出於必需品者所佔比例較小，而支出於高級享受品者之比例較高。在於所得較低國家中，這情況恰好相反。

所得水準與行銷有關者，尚應包括所得之分配狀況。下表顯示美、英、印三國家庭納稅前所得之分配（表4-2)。美國爲一龐大中等

表 4-2　美、英、印三國家庭所得分配之比較

家庭所得（美元）	美國	英國	印度
15,000 以上	9%	.2%	.2%
10,000－14,999	21%	.5%	.4%
5,000－9,999	42%	3%	2.4%
2,000－4,999	21%	55%	9%
1,000－1,999	5%	28%	24%
1,000 以下	2%	14%	64%

資料來源：John Fayerweather. *International Marketing*. 2nd ed. (Englewood Cliffs. N. J. ; Prentice-Hall,1970) p. 32

所得階層之市場，有84%之家庭，其所得介於 2,000 元與 15,000 元之間。反之，在英國，大致可代表其他西歐國家之情況，乃以 2,000 元至 5,000 元所得者佔一半以上，有極少數家庭之所得超過 10,000 元或 15,000 元；但在 2,000 元以下者亦遞減，故可稱爲以中下等所得爲主之市場。印度情況，或可代表甚多開發中國家，其所得分配呈金字塔形，絕大多數家庭之所得屬於最低一層，即 1,000 元以下，但亦有極少數家庭，其所得及生活水準不遜於美國一般家庭，或有過之而無不及。

第三，尙應考慮購買能力變動之速度。以下表爲例（表4-3），以

表 4-3 各國國民平均實際所得之變動趨勢指數

（基期：1958）

國 別	1950	1953	1955	1958	1959	1960	1966
巴 西	81	87	94	100	104	106	116
法 國	25	83	91	100	101	107	135
德 國	61	76	89	100	105	115	140
印 度	88	95	95	100	100	104	105
日 本	63	78	88	100	117	133	205
英 國	86	91	97	100	103	107	125
美 國	92	101	103	100	105	106	129

資料來源：John Fayerweather, International Marketing, 2nd ed. (Englewood Cliffs, N. J.: Prentice-Hall, 1970) p. 34

1958年爲基期，比較巴西、法、德、印度、日本、英、美七國平均個人所得之變動情況。其中以日、德兩國增加之速度至堪驚人，在十六年間，增加達兩倍以上；反之，印度只增加17%，相去不可以道里計。所得迅速增加之結果，每形成對於某些產品或勞務需要之突然擴增，尤其是家庭電器方面，例如在1955年時，英國只有10%的家庭擁有電冰箱。但一旦有甚多人之所得升達可購冰箱之水準，使冰箱年銷量在1957到1959之間，增達三倍之多。

第四，消費者對於其所得之支用方式，也隨不同國家而異，例如在美國，消費者支出中，用於食物類者，不過佔19%，但在英國和意大利，却分別佔24.8%及37.3%。在衣著方面，瑞士爲7.9%，而西德與日本，却佔11.4%及11.7%。

表 4-4　若干國家主要消費支出項目佔全部消費支出之比例 (1967)

	食物	飲料	煙草	衣著	房租	醫藥衛生
美　　國	19.0	2.9†	1.9	9.2	14.2	8.6
加 拿 大	20.0	5.2	2.6	8.0	15.8	8.8
西　　德		33.0		11.4	10.9	4.0
義 大 利	37.3	5.0	3.1	10.1	9.3	7.5
荷　　蘭	27.1	3.6	3.6	13.9‡	8.1	7.6
瑞　　典	24.6	6.6	3.3	10.3	10.2	3.9
瑞　　士	24.2	10.1		7.9	12.1	6.3
英　　國	24.8	6.3†	6.0	9.9	11.8	2.3
日　　本		37.0		11.7	8.6	

† 只包括含酒精飲料
‡ 包括家庭裝飾用紡織品在內
資料來源: United Nations, *Yearbook of National Accounts Statistics, 1968.*

最後應考慮者，則爲消費者信用融通之程度，亦對於購買能力有密切影響。信用融通之存在及方便，每可擴增大項產品之需要，而減少日常支出之消費。而信用融通制度能否被消費者接受，以及接受之速度快慢，和一國文化中對於賒購的態度有關。

(二) 購買動機

即使消費者的購買能力是沒有問題的，但他是否進行購買行爲，尙視其購買之優先順序的安排；那些是生活必需品，那些可有可無等等。雖然每個人的購買動機都可能不同，但從較廣泛觀點，仍有其一定模式可循。

首先，我們可根據前述之基本社會制度，說明其對於購買動機的影響；然後再討論經濟狀況的影響；最後予以綜合分析。

宗敎制度的主要影響作用乃在於價值觀念方面，譬如在於基督敎義流行地區，人們常不承認節省勞力工具或方法的重要性。譬如一瑞士或瑞典家庭主婦對於付出相當代價購買洗碟機或現成蛋糕配料之類，即有犯罪感覺；因爲在她們道德觀念上，這是屬於偸懶和不盡職的行爲。又如在天主教國家，一般認爲，在潔淨身體方面不可過份講究，這對於產品銷售有相當影響。譬如依調查，法國婦女中，只有25%使用香水，而在英國，却有48%。相反的，有高達80%之法國婦女沐浴係使用洗衣肥皂，而非香皂。

家庭制度應包括男女追求和婚姻生活的方式在內。這對於兩性所購買產品的種類，具有密切的關係。以追求異性方式言，有些國家給予年青人以較大自由追求、吸引和選擇伴侶；而在有些地方，却仍然是決定於父母之命，媒妁之言。同時，不同社會中，男女互相吸引和表示好感的方式也不同。有些地方，一年青女子是否能勤儉持家，被目爲重要條件；但在另外地方，却以外貌和社交談吐爲主。又如在美國，主婦常須外出購物或辦事，因此在中等所得家庭中，常有購置第二部汽車之需要；反之，在墨西哥的富有家庭中，雖然亦有能力購置第二部汽車，但由於一般認爲主婦們應大部份時間停留家中，因此對於汽車的需要自然大爲減少。在於回教國家，情況亦復如此。

教育制度直接影響文盲率之高低，而後者又可直接影響種種文化事業或文具產品的需要。同時，由於消費知識水準的高低，亦影響他們對於某些產品的瞭解、興趣和看法。

再談到社會制度本身，種種價值觀念和標準係產生於社會關係中。譬如前稱之地位標誌和群體規範，常可影響消費者之購買動機。就像在許多開發中國家，一些家庭購買電冰箱，除了其實際功能外，表示其社會地位，仍爲一個重要因素，因此他們常將這冰箱陳列在客廳中之顯著位置。又如在較爲現代化國家中，一般婦女常感到有一種社會壓力，驅使她們在服裝方面必須迎合潮流。

經濟狀況之影響消費者購買優先次序，乃因其決定產品對於一人的實際價值。這種影響作用，有大部份來自於地理特徵。譬如氣候對於產品需要的影響，卽屬顯然。城市和鄉村居民的產品需要也十分不同。

經濟狀況也將影響消費者在於日常生活中，對於機器或人力之選擇。譬如在低所得國家，一般工資水準極低，因此較富有家庭多願僱用奴僕，而不用代勞機械。但近年來，由於工業化結果，工資水準提高，傭工待遇大增，遂使中上家庭願意考慮使用種種機械從事家務工作。

卽由於這些複雜之文化及經濟因素之作用，使得世界各國消費者發展出種種不同之產品購買優先次序，在此無法一一詳述。但狄區特氏 (Ernest Dichter) 曾分析各國消費者對於汽車所有權的態度，頗有參考價值。

他說，可將世界各國大約分爲六類(註9)：

第一類是幾乎無階段制度存在的國家　主要包括北歐諸國。人們認爲，汽車的效用主要是功能性的，不應該被用來做爲炫耀身份的工具。購買汽車，主要要看它是否可靠和經濟，也就是說，偏於理性動機。

第二類是富足的國家　譬如美國、西德和瑞士等。消費者對於產品所重視的，是有沒有個性。他們所希望獲得的，是屬於高品質，免修理和幾乎是訂製的產品。

第三類是處於過渡階段中的國家　譬如英、法、日等國。傳統的白領階級，往往收入低於藍領工人，但是他們仍不願與後者爲伍。社會地位佔有重要意義，汽車也成爲一個人人格之延長，和成功的象徵。

第四類是革命性國家　包括墨西哥、巴西和印度等。工業化正開始起步，大多數人剛剛擺脫接近饑餓的命運，汽車只限於極少數人所

註6　Ernest Dichter, "The World Customer," *op. cit.*, pp.118～121.

享用，因此被認是極昂貴的奢侈品。有汽車者，常藉以炫耀其身份。

第五類是較原始的國家 主要指非洲附近獨立的國家和僅存的殖民地。少數汽車主要供政府高級官員使用。

第六類是新階級社會 包括蘇俄及其衞星國家。雖然多數人的生活改善至爲遲緩，但却出現有一批官僚份子，代表一種新的貴族階級，他們也以汽車爲地位象徵，幾乎所有資本主義國家小資產階級的象徵，都是他們仿效的對象——尤其是美國。

（三）購買決定

誰做購買決定？如何達成決定？在什的場合做決定？幾乎所有這些問題的答案都受社會文化態度和經濟特徵的影響。

就購買決定言，在家庭中，丈夫、妻子、子女或其他人的重要性，往往和一社會中之家庭及其他制度有關。一般而言，在歐美家庭中，主婦有較高發言地位，甚至對於某些特殊購買行爲，有最後決定權。但細分之，卽使在歐洲各國中，尙有相當差別。有人說:「在比利時，電視機通常係由夫妻共同選購；在德國，一般電視機由丈夫單獨決定，但冰箱却是共同決定的結果；在意大利，幾乎所有家庭電器的購買，都是取決於丈夫」。

在其他地區中，妻子多處於從屬地位，但對於一般家庭常用品的購買，妻子仍有相當影響力，不過最後決定權仍操之於丈夫。還有些社會中，丈夫給予妻子一定數目的金錢，在這限度內，她可以自由支配使用。

家庭中不同年齡的子女，對於購買的影響力和其本身所擁有之購買力，也每隨社會而不同。譬如在美國，稚齡子女乘坐在超級市場內的手推車上，指使父母購買他們在電視上所看到的廣告產品，乃一極普遍的現象。但在其他較爲傳統的社會中，子女的影響力量則較小。

又有些地區，傭傭對於購買，獲有相當影響或決定力量，譬如在南美國家中，一典型主婦可能差遣一女傭到市場購物，交付她一擬定的購物單。在這限度內，這女傭仍有相當選擇機會。

分析購買決定，除誰來決定的問題外，尚應考慮他們達致決定的地點。這和前述購買決定的人物有關，如果後者係由夫婦共同決定，則對於重要的購買行爲，常在家中反覆商議而後決定。反之，如果係由丈夫單獨決定，則其決定地點係在購買點的機會大爲增加。又如在所得較高國家，主婦們單獨出外購物，有關食物及家庭用品的購買，也常在店中決定。根據一項研究，大約有80%的超級市場購買，係屬當場決定者。

購買決定達成的方式，主要和一社會對於時間的觀念，和可供選購產品的複雜程度有關。這兩者常隨一國所得水準而異。所得水準較低國家人民，對於時間較不珍視，因此爲節省幾元錢，寧願多花時間在探聽價格和討價還價上面。反之，在高所得國家，這種購買方式顯然是極不經濟的做法。

隨着產品種類繁多，性質複雜化以後，消費者無法立即或輕易決定一產品品質究竟如何。這時，他不能完全依恃自己的判斷，而要靠其他方法。第一、他考慮廠商的一般信譽或品牌。不過這一來源是否有用，要看廠商的商業道德和品質管制水準如何；如果廠商不顧商業道德，或缺乏一合理的品質管制制度，那麼他們的信譽和品牌是沒有意義的。第二、他依靠政府的管制和監督。最基本者，是政府對於產品份量的規定，應符合廠商所標明的重量或大小。再進一步，則政府要過問食品是否潔淨，產品標籤所刊載者是否眞實等等。當然這一方式是否有效，要看政府行政效率和官員操守，例如在南美有些國家，貪汚流行，只要一廠商能應付得法，便可暢所欲爲，而不虞受法令制裁或限制。第三、他可尋求更多的情報，其來源包括親友、報章雜誌、或其他獨立性產品檢驗機構。這些來源是否有效或可靠，也和一國經濟發展程度有關。以獨立性產品檢驗機構言，在美國以消費者聯盟 (Consumer Union) 和消費者研究 (Consumer Research) 最爲有名。在西歐各國也大多都有這類機構存在。可是在開發中國家，則這種機構多尚未出現。

（四）工業用戶

由於工業用戶的購買行動受態度和感情影響的程度，不像一般消費者那樣高；他們所考慮者主要是經濟性的——成本和利潤。因此這種購買行爲受文化背景的影響較小。

與工業用戶購買行爲具有最密切關係的經濟因素，一爲勞工成本，一爲生產規模。各國工資水準相差極爲懸殊，有每小時不及美金一角者，亦有高達二元以上。這一差別，對於幾乎所有各類工業品的銷售，都有影響。工資水準愈低，則工業用戶對於節省人工時間的方法，愈不重視，也不願購置代替人工的機械。

一國工業用戶規模大小，和國家大小及經濟發展程度有關。規模小者，所購買之機械多偏於多種用途，而不喜過於專精用途者，因爲工作數量不足以支持這一機械的代價。

但這並非謂在工業購買方面，我們可完全忽略非經濟性因素，譬如一機構內購買決定之達成，以及採購程序等，都和社會背景有關。例如在較民主的社會內，一般採購多授權負責單位決定；但在較權威性的社會內，則大小事務都集中於董事長或總經理一身。尤其在於家族性企業內，採購業務普遍由家長或其親信控制。

第五章

外銷市場之分析、選擇與規劃

如本書第一章所述，企業進入國際市場之方式甚多，每一方式均有其優劣點與適合條件，因此一企業必須考慮這些優劣點及條件，選擇適合之進入方式。不過以我國目前情況言，進入國外市場，仍以外銷（直接或間接）爲主，國外投資一途，雖亦有之，但尙不佔重要地位，因此本章乃以外銷方式爲例，說明一企業應如何進行分析外銷市場，予以選擇，並進行規劃。

第一節　外銷規劃之意義與程序

無可諱言者，我國外銷方式，迄今仍多處於被動地位，有關外銷市場之開拓、產品之發展、規劃及設計、價格之訂定、分配通過之選擇等，多操外人之手，即使有主動外銷者，亦缺乏有系統和全盤性之規劃。在這種情況下，不僅利權外溢，且使我們貿易生機操於外人之手，至堪憂慮，今後爲開創外銷更高境界，如何逐步轉被動爲主動，應爲當前重要課題。（請參見附錄「成立大貿易商的幾點基本認識」）

在此所要說明者，爲近年學者所提出之一種策略性之外銷規劃方法，代表一種有系統之方法，從選擇外銷目標市場，估計市場潛在需要及銷售量以至擬訂行銷策略，具體確實，按步就班，對於我國內企業今後更主動積極開拓外銷市場，創造更輝煌的外銷成績，應具有極大參考價值(註1)。

所謂策略性外銷規劃，乃指一種對於外銷基本目的及基本政策、策略之選擇，以爲此後獲取、使用及處分各種資源之準則。因此所採立場，係自一企業外銷方面最高負責人之觀點。

這一策略性外銷計劃的內容，一方面，包括有關外銷目標之界說；另一方面，亦包括爲達成此等目標所採各種行銷工作之配置，譬如各時間內各種工作之進度和協調事項；同時，它也包括了收益、支出和利潤的估計數字。

這一計劃所包括的期間，大約爲三至五年，但有些公司可能只有一年，也有則長達十年以上。總之，不同公司、不同產品，所包括的規劃期間也每每不同。所重要者，是所選擇的時間，能容許規劃者對於有關公司未來外銷發展方向和範圍之種種基本問題，能提出較可靠之解答；同時，對於該項規劃的可能後果，有較可靠之預測。

再一基本問題，則涉及規劃的單位。基本上，應針對每一產品之每一市場有一單獨之計劃，然後合併而爲整個產品外銷計劃；再將不同產品之外銷計劃，合併而爲整個公司的外銷計劃。因此公司應先根據市場分析，估計每一產品市場之銷售潛能及其他特徵，然後擬訂一個別計劃，選擇未來三五年內應採之行動路線，俾可達成對於這一特定產品市場的具體目標。

一定會有一些人，認爲只有大規模的外銷企業，才能採行這種策略性外銷規劃。在他們心目中，這種規劃卽等於將嚴密和高深的分析技術，由一群規劃專家應用於大量的資料上。這顯然是一種本末倒置的看法。基本上，外銷規劃乃企圖以理性和事實代替猜測和碰運氣的

註1 本節所稱之策略性外銷規劃方法，主要取材於：Franklin R. Root, *Strategic Planning for Export Marketing*, 2nd ed. (Scranton, Pa.: International Textbook Co., 1966).

做法，以決定一公司之未來外銷發展路線。一旦公司接受這一觀念，它自會找到和運用適當的方法。只要這公司能有系統地考慮三、五年後公司外銷所應達成的境界，以及如何達成的途徑，這行爲本身就可以在外銷管理中注入一種主動創造的精神，這也是目前我們最缺乏的一種精神。

外銷規劃是一種極其動態的程序，每一公司都需要設計它本身的外銷計劃。不過，儘管不同公司所採的規劃工作，在細節和優先順序上，有所出入。但在觀念上，所有的外銷規劃方法都有共同之處。

外銷規劃程序

外銷規劃應開始於外銷市場，其基本假定之一，即認爲企業應以繼續不斷創造市場爲目的。因此瞭解和分析市場乃一規劃之基礎，而本書第四章中有關各國市場制度及消費者之說明，即可幫助從業者在這方面的瞭解和分析。

如將外銷規劃視爲一系列的程序，則它包括有三個互相銜接的階段，依陸特教授 (Franklin R. Root) 所建議者，如下圖所示（註2）：

圖 5-1　策略性外銷規劃程序

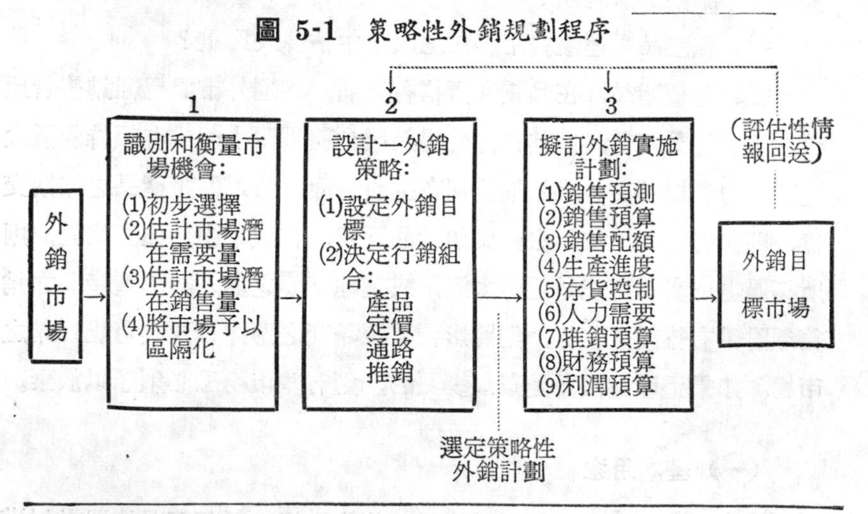

註2　Root, *op cit.*, p.5.

在本章以下各節中，將即依照（圖 5-1）中所顯示之輪廓做進一步之探討。

第二節　外銷產品之分析

自一廠商立場，選擇目標市場之前，應先對本身產品有一客觀分析，這對於整個外銷策略之選擇，都具有極大影響。產品分析的項目，包括以下幾項主要問題:

——本公司產品有何特點，相信可增加其競銷能力？

——本公司能否保持一合乎國外顧客需要之產品品質水準？

——本公司是否有充足的產量以供應國內外市場之需要？

——本公司能否提供該產品所需要之服務及維護條件？

——本公司能否根據國外市場之不同需要情況，修改已有之產品？

——該產品之推銷，是否需要以外文印製產品標籤、使用說明或服務手册之類？

——該產品之運輸費用將在總成本中佔多大比重？

假如這種產品，在品質和價格各方面，和國外市場已經銷售者比較，並無特點可言，則其在海外暢銷機會甚爲渺小；或有賴特別强大之推銷力量以爲支持。如果公司在生產方面，難以保證產品之如期交貨，則顧客終必掉首他去。又如產品運費，在成本中佔極高比例，則所拓展之市場不可能是距離太遠，或運輸不便之處。再如這產品之銷售須附帶有維護服務等，則將影響其經銷商之選擇以及其可能行銷之市場。如果這產品設計是難以變更的，則有些市場恐必須予以放棄。

（一）基本用途

分析產品用途，也可幫助辨識可能之市場。任何產品皆設計以滿足一種基本用途；譬如衣着之基本用途爲保溫或防熱，這和一地區之溫度氣候具有密切的關係，因此外銷成衣紡織品廠商可藉這因素以劃定可能之市場範圍。採煤機械之基本用途爲協助採煤工人自礦中採取生煤，輸送至地面。因此只要有煤礦開採之處，皆爲該種機械之可能市場。再如一種化學觸媒劑，爲某種化學反應所不可缺少者，因此只要一地化學工業利用這種製造方法，就應該是這種化學觸媒的可能市場。

在上述情況下，一廠商如能分析其產品之基本用途，將可進一步決定，搜集何種資料，以協助選擇可能之市場。如前引例子，該成衣或紡織品外銷廠商需要世界各地氣候分佈之資料；採煤機械外銷廠商需要有關各地區煤之蘊藏及開採數量資料；而該化學觸媒劑之外銷廠商將需要各地這種化學工業發展情況及所採製造方法之資料。不過，事實上之情況可能不像上述例子之直截了當。產品之需要，往往受技術發展或生活習慣改變之影響。譬如空氣調節器之使用結果，可減少寒帶或冬季期間人們對於重裘大衣之需要；反之，熱帶或夏季，人們仍可能因而使用毛衣或其他較保暖之衣料。又如一電熱器廠商發現，他可在約旦發現市場，因爲儘管當地日間甚爲炎熱，但入夜後，氣溫驟降，一樣有人需要利用電熱保溫。還有在委內瑞拉，這家廠商發現，人們購置電熱器，乃用以烘乾咖啡豆。

（二）顧客特徵

由於一種基本需要的滿足，常不限於一種產品，譬如對於交通運輸需要之解決方法，可自步行、脚踏車、機器脚踏車、汽車以至飛機等不一而足。究竟一地區內顧客或用戶將多數使用何種解決方法，還須考慮其他條件，譬如他們的所得水準、偏好、品質要求、地位意識等。尤其在工業品方面，其購用類型每和最後成品性質、所採製造方法、技術水準等，具有密切關係。因此外銷廠商不僅應分析其產品之基本用途，還要進一步分析這種產品可能顧客之可能特徵。凡具有這種特徵者，其購買之可能性將較其他無此種特徵者爲高。

以前舉採煤設備爲例，假如此種產品屬於高度自動化型者，則其可能顧客極可能是屬於以下特徵者：已感受人工成本之高度壓力者、其競爭礦場多已採自動化採煤設備者、或受到其他競爭性燃料之壓力者。反之，在一地區內，如人工成本低廉，普遍採用傳統採煤設備、其他燃料競爭力弱，或一般缺乏使用及維護自動化設備之能力等情況，則其購用這種自動化機械的可能性將大爲減少。

從這種進一步分析中，外銷者又可以搜集其他資料，以供縮小其可能市場範圍。譬如在上例中，該採煤機械外銷者，除需瞭解各地區煤之生產量外，尚應進一步搜集有關當地採煤人工成本、其他燃料成本等方面之資料。

第三節 外銷市場之初步選擇與分析

外銷市場之選擇，應根據一種客觀而且有系統的分析。只是聽任過去經驗、道聽途說、或偶而國外旅行所得之片斷資料，便下最後判斷，這是非常危險的。不過由於今日世界上國家或地區之衆多複雜，沒有一外銷廠商能對每一國家或地區，進行非常詳盡的分析研究。因此需要先行初步選擇若干較少數之市場，以供進一步之探究。而這種初步選擇的方法，必須合乎簡單、經濟的條件，而且是以利用現有資料爲主。

原則上，初步選擇的範圍不可太狹，以免疏忽或遺漏大好的市場機會。不過外銷廠商負責人常可根據種種原因，先行剔除一些市場，不予考慮。譬如前述對於產品基本用途或可能顧客特徵之分析，即可縮小考慮之範圍。有時由於政治因素，某些地區屬於禁運或禁止交易範圍。有時，由於氣候或地理因素，使某些產品不可能銷往某些地區。還有時，由於公司政策，對於某些地區不予考慮。而這種政策之形成，可能是由於以往交易經驗、想像中的恐懼，或純粹出於一時疏忽。不過，不管何種原因，外銷負責者必須充分瞭解這種原因，並且深信這種原因是確實的，然後加以接受。

（一）貿易統計之利用

一般而言，初步選擇市場之主要事實根據，爲各國或地區之進口貿易統計。使用這種資料之一大優點，即在其普遍存在，容易找到。一甚佳來源爲聯合國出版之商品貿易統計 (Commodity Trade Statistics)，所依據之產品分類方法，爲標準國際貿易分類 (Standard International Trade Classification-SITC)。此外，各國亦多出版其本國進出口貿易統計，多較前者爲詳盡。檢查一國對於某種產品之進口統計，最好能包括其最近三年或五年期間，而非最近一年；這樣較可發現其進口這種產品之穩定水準及可能變動方向。同時，應將眼光放大至與某公司產品有關之整個範圍，而非其中一、二項目。尤其當現有統計中並未列有某種特定產品項目時，也只能利用其上一層之類別資料。

原則上，如果外銷者獲得上述之各國進口某種或某類產品之進口數量，即可將各市場依此等進口數量由大而小之順序排列。他可以決定一最低進口量，低於此一最低進口量之市場，即不加考慮。

不過，這一辦法或將有違反開拓外銷市場之一基本原則之危險，此即：勿輕視目前較小或較不引人注意之市場。譬如有時進口量小乃由於貿易管制——關稅、額配等原因。一旦此等限制條件取銷或減輕時，說不定此一地區立即轉變爲一有利之市場。在這貿易自由化的趨勢上，外銷者如能及早注意，捷足先登，將可獲得新的銷售機會。但是，卽使進口數量小，係由於市場本身狹小，亦非謂這一市場完全不值得考慮，譬如可口可樂公司及較早之勝家縫級機，皆已成功地顯示如何開拓這類市場。

初步選擇外銷市場，亦可參考本國出口統計，查閱同類產品是否已有外銷以及銷往何處，或參考主要競爭國之出口統計。有時，訪問國內有經驗，但非直接競爭之外銷廠商，亦可得到若干有價值的意見。

雖然，國際貿易統計對於發掘可能市場及競爭者極爲有用，但亦不可不知道利用這種資料的困難所在：第一、通常貿易統計所列類別過於廣泛。有時一類產品內所包括的產品項目，達一百種以上。對於任何單獨一種產品項目言，用處可能不大。第二、分類方法不同，則難以直接比較。第三、半製品、零組件等，常與最後成品混爲一類。故表面上，某國爲一大進口國，而實際上所進口者，却屬於零組件，在進口國內裝配，因此這一國家並非這種成品之良好市場。第四、貿易統計所顯示者，皆屬過去之事實。對於新產品，新行銷技術，以及貿易限制或其他重要因素之變更，不能顯示出其影響作用。第五、某些地區或國家之進口數量中，包括有相當之轉口貿易，例如利用香港、巴拿馬貿易統計，卽須注意這點，不可將這部份貿易包括於其正式進口量之內。不過，儘管貿易統計有這些缺點或困難，一般仍認爲它乃極有價值之資料，藉以發掘可能之市場。

（二）詳細分析

一旦初步選擇了若干可能之外銷市場，卽可進行較詳細之分析。所謂較詳細之分析，包括有背景分析，法令規章分析，可能銷量分析，競爭分析，通路結構分析等項。其中以可能銷量分析及競爭分析關係企業外銷策略之選擇最大，將留待次節中說明外，其他各項將分別說明於次。

1. 背景分析

一般主要包括以下幾項:

(1) 疆域、地形、氣候、主要城市中彼及間距離，以及其他與該產品需要有關之地理因素。

(2) 人口總數、年齡分配及地理分佈。

(3) 所得水準、所得分配，以及與該產品消費可能有關之所得階層。

(4) 自然資源，主要農產品及其他賺取收益之重要產品。

(5) 工業發展程度及階段、經濟發展計劃、外人投資估計等。

(6) 目前經濟狀況、貿易餘額、信用狀況、外滙頭寸等。

(7) 語言文字、社會習俗之與該產品消費有關者。

(8) 度量衡制度、電力標準及其他標準等。

2. 法律規章分析

(1) 進口限制，譬如許可證或配額制度之類。

(2) 關稅稅率，以及能否享受優惠或最惠國待遇。

(3) 關稅估價方法。

(4) 商標、 標籤及包裝規定， 有關漁、 獸及植物產品之衞生證明，藥品檢驗證明等。

(5) 外滙管制、兌換、滙款等。

(6) 「增值」或其他國內稅。

(7) 是否與某來源國訂有雙邊 或易貨協定。

3. 通路結構分析

尙有一點，但仍屬極重要一點，涉及可能市場之通路結構分析。

在某些國家市場中，可能只有一條或兩條通路可有效經銷該產品。假如此等經銷商已與競爭者簽訂有專銷契約之類，則後來進入者將面臨一極嚴重的抉擇。他或是退而求其次，利用較差之經銷商，然後設法藉由加强銷售訓練、拓銷活動等方法以求彌補；或者，他乾脆不惜投下較大資本和人力，設立本身之銷售分支組織。否則，他也許有忍痛放棄這一市場之必要。

有時，分配的瓶頸發生於零售一關。例如當1950年代末，美國冷凍食品企圖打入西歐市場，苦無適當零售機構可用，必須設法建立新的分配通路。這一情況，無疑將大大增加行銷成本及投資風險。在於開發中國家，這種無法獲得適當通路的情況，尤其普遍。故一廠商在選擇一外銷市場之前，應先瞭解該市場中有關產品之分配通路結構情形。

選擇外銷目標市場，當然不能忽視該市場之獲利可能性。外銷者可根據所搜集有關運費、保險費、關稅、佣金等資料，計算各市場之CIF 價格。先依本國貨幣計算，再依當地貨幣計算。再和當地可能售價比較，獲知該產品在各市場之獲利可能情況。不過在計算成本時，若干國內成本必須扣除，例如國內銷售及廣告費用，某些管理費用等，有關此等成本估算問題，不擬在此討論。

第四節　行銷市場可能銷量之估計

一旦選擇值得進一步探究之市場後，外銷者即應進行估計外銷產品在各可能市場之潛在需要量及公司可能銷量。具體言之，此即：如何利用外銷市場研究以答覆下列三項問題：

第一、某一特定外銷市場（或幾個市場）的潛在需要量有多大？

第二、本公司在該等市場之可能銷售量有多大？

第三、在該等市場中，本公司之行銷工作應集中於那一（幾）個特定區隔市場（market segments）？

（一）估計市場潛在需要量

一般採用的估計方法，有趨勢分析，相關分析，或調查方法等。不過不管用什麼方法，都應獲知這產品在這市場目前及過去的銷售量。如果沒有這資料，通常可利用下列簡單公式，以行估計：

$$S_a = P_a + (M_a - X_a) - (I_{a1} - I_{a0})$$

此處 S_a 代表一產品在 a 國之年銷量，P_a 代表該國本身之年產量，M_a 及 X_a 分別代表年進口及出口量，而 I_{a1} 及 I_{a0} 分別代表期末及期初存貨量。如果缺少存貨資料，則可將上列公式更改爲市場大致消費量估計（C_a）：

$$C_a = P_a + (M_a - X_a)$$

有關上列統計資料之完備程度，常隨國家而異。而同一國家所發表者，又隨產品而異，有時只能根據其他來源或部份資料估計。譬如要想知道委內瑞拉眞空吸塵器之進口資料，而委國進口統計內並無這項直接資料，則可根據該國主要之眞空吸塵器供應國——美國、西德、意大利等——之出口統計資料估計之（註3）。

具有上列資料，即可用以估計市場成長趨勢。估計方法包括有趨勢分析、相關分析等。趨勢分析又稱時間數列法，即以時間（年）爲自變數，根據以往各年銷售量隨時間變動之趨勢——包括直線或曲線，以推測未來銷售可能變動之情況。相關分析包括有三個步驟：第一、發掘與該產品銷售具有高度相關的因素或變量，第二、估計或利用此等相關因素之變動趨勢，第三、根據上述變動趨勢，估計外銷產

註3　R. J. Dickensheets, "Basic and Economical Approaches to International Marketing Research" *Innovation-Key to Marketing Progress*, 1963 Proceedings of the American Marketing Association. pp. 359-377.

品該市場之銷售變動趨勢。

在外銷市場分析中利用之相關變數，常屬一些基本經濟或社會指標，例如 Business International 雜誌每年出版之「國家市場規模指標」(Indicators of Market Size)，卽係最常利用之資料。這一指標自1957年開始，所包括的國家，至1970年時，已增至140個。共包含兩部份，第一部份計有人口總數，國民帳戶（國民總生產、國民所得、製造業生產、製造業工人平均每小時收益），貿易狀況（進口總額、出口總額、自美國進口額、自歐洲共同市場進口額、外滙存底）等。第二部份包括民間消費（食物、衣着、家庭電器支出）、動力車輛使用（轎車、卡車及大客車），電話、收音機及電視器使用中架數，水泥及電力生產量，和鋼鐵及能量之消費量等。其中多項項目包括有最近五年成長比率與未來五年預測數字等（註4）。

利用相關指數以估計市場未來發展趨勢，所選擇因素應以與外銷產品關係較接近者爲宜。例如爲估計某種家庭電器之市場需要，利用「民間耐久性消費財支出」卽較利用「國民所得」爲佳；又如估計某種工業設備之市場需要，亦以利用「國內機器設備固定資本形成毛額」爲宜，而非「製造業生產總值」。

有時還可利用發展階段相似的國家的資料，用以估計一國對於某種產品的需要。譬如我們已獲知法國市場對於某種產品的需要，同時亦可獲得有關法國市場某些指標，例如國民總生產、工業生產、人口、戶數等。選擇其中較適宜者，求出其與該產品市場需要的關係。假如我們想要知道荷蘭市場對於該產品的需要，由於荷、法市場之近似，便可根據上述已獲知之法國市場需要函數關係，應用於荷蘭市場；此卽以基本經濟指標，估計荷蘭對於該產品的需要。當然，在此

註4 *Indicators of Market Size for 140 Countries*, 1970 Reprint Edition, Business International, (Dec. 5,12,19, and 26, 1969).

圖 5-2　各國轎車普及率與平均國民總生產之關係

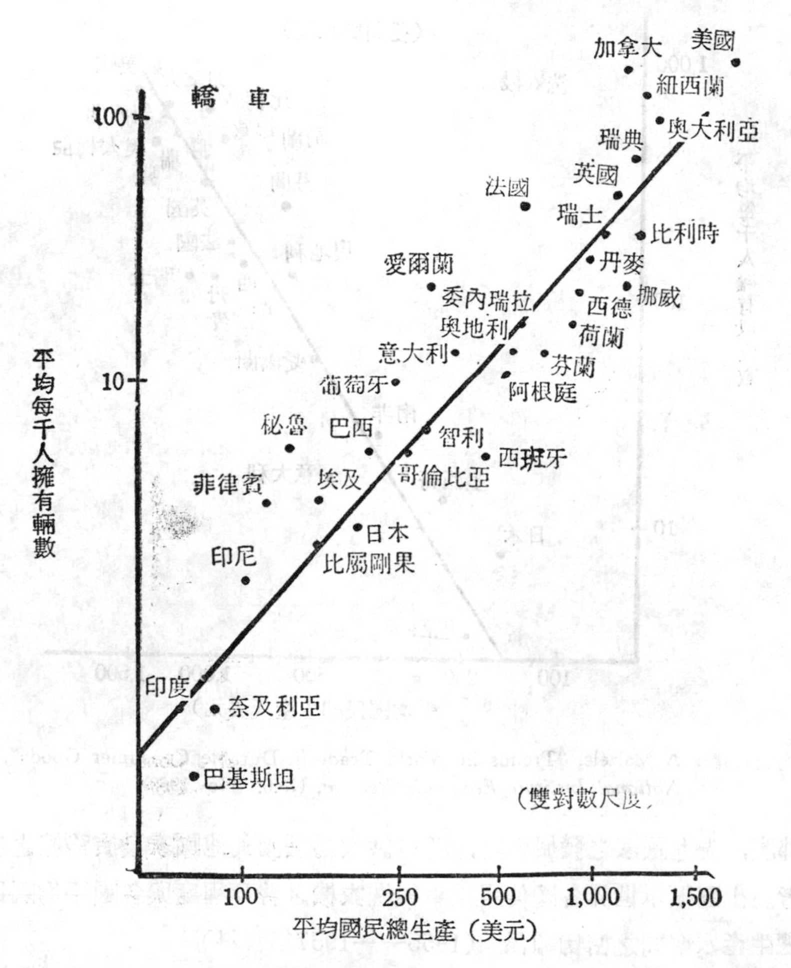

係假定我們可以方便獲得有關荷蘭市場之基本指標資料(註5)。

即使是發展階段不同的國家或地區，亦有比較價值。所謂「美國之過去或現在可能即係歐洲之將來」(America's past or present may be Europe's future)，在家庭電器使用方面之發展模式，即甚明顯。

註5　Dickensheets, *op. cit.*

圖 5-3 各國洗衣機普及率與平均國民總生產之關係

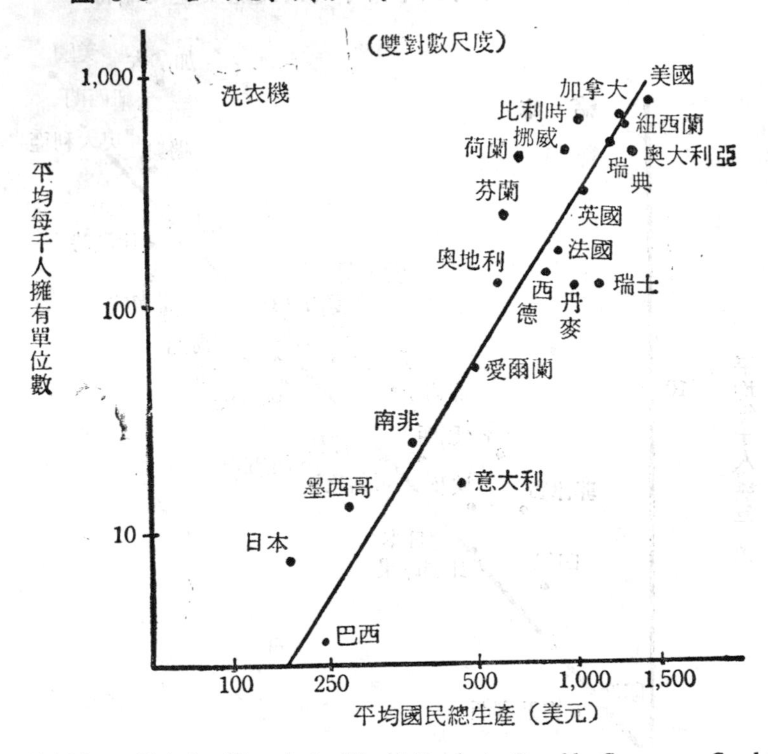

資料來源: A Maizels, "Trends in World Trade in Durable Consumer Goods", *National Institute Economic Review*, No.6, (Nov.1969)

那麼，先進國家之發展軌跡，即可供做爲預測其他國家發展路線之參考。上圖顯示世界各國使用轎車與洗衣機之普及程度與各國平均國民總生產水準間之密切關係。(1955——1957年資料)

(二) 競爭分析

競爭分析的目的，在獲知本公司產品在一市場之可能占有率，也就是在所估計的市場需要量中，可獲得多少銷售量。

分析競爭者，不限於銷售相同產品之廠商，甚至不限於同一業別。廣義言之，凡對於使用者提供相同功能之產品都算競爭品，行銷這種產品的廠商或品牌，都算是我外銷產品之競爭者。不過，在具體情況中，競爭者之性質可能隨市場而異，譬如一種普遍遭到淘汰的簡單手工具，在一較落後國家中，却形成一種進口器械設備之勁敵。若干美國產銷農業機械廠商，在南美和非洲卽曾遇到這種情況。

競爭分析，首應注意一市場之競爭結構。這一市場的獨佔程度如何？誰是競爭領袖？競爭情況究屬劇烈或鬆弛？

有些市場內，本國生產者組成强有力的同業組織，以集體力量（有時在政府協助下）使外來者無法進入。有些市場內，係由少數幾家廠商控制，其他則追隨這幾家所訂價格或銷售模式。又有些市場中，並無强有力之競爭者，這種市場最易進入。

分析競爭者活動，最好能集中注意所謂市場領袖。因如一外銷者滲透某一市場至某種程度時，必然和這市場領袖發生正面競爭情況。此外，藉由研究此一市場領袖之行銷政策和作業方式，亦可學習不少有關在此市場之行銷方法。尤有價値者，爲進一步發掘每一市場領袖造成其市場地位之條件和因素。後者每隨市場、產品而異。譬如在有些市場，產品設計佔關鍵地位；有的市場爲價格；有的爲堅强之經銷網。又有些產品之競爭，不在產品本身。對於許多工業品或耐久性消費財而言，造成優勢之市場地位者，常在於良好之銷前及銷後服務。

爲總結前此有關市場需要，市場發展及競爭結構之討論，我們可利用一種「××產品之市場結構表」，將主要資料表現爲一種淸晰而有系統之形式。每一市場單獨有一表，以供外銷管理者之查閱利用。現以一種電器產品爲例，列擧與應包括之項目如下（註6）：

註6 *ibid.*

表 5-1　××電器產品市場結構（示例）

甲　國

市場指標	1968	1969	1970	1971	1972(預測)
生產總量（單位）	×××	×××	×××	×××	×××
加：進口	×××	×××	×××	×××	×××
減：出口	×××	×××	×××	×××	×××
市場總需要量	×××	×××	×××	×××	×××
新建房屋棟數	×××	×××	×××	×××	×××
電化家庭數	×××	×××	×××	×××	×××
使用中××產品單位數	×××	×××	×××	×××	×××
市場飽和度（%）	×××	×××	×××	×××	×××
平均千人消費支出	×××	×××	×××	×××	×××
主要供應國					
法　國	×××	×××	×××	×××	×××
西　德	×××	×××	×××	×××	×××
意大利	×××	×××	×××	×××	×××
英　國	×××	×××	×××	×××	×××
美　國	×××	×××	×××	×××	×××
日　本	×××	×××	×××	×××	×××
其　他	××	××	××	××	××
進口總量	×××	×××	×××	×××	×××
市場占有率（%）	××	××	××	××	××
主要競爭廠商	××	××	××	××	××

（三）區隔分析

至此，我們已獲知一外銷產品線在一特定市場之可能銷量。現在，我們必須進一步發掘，在這市場內，有那一群或幾群消費者對於這產品的購買量可能較高。這種分析一般稱爲**區隔分析**（segmentation analysis），而每一市場區隔的需要量，也被稱爲市場**區隔潛量**（market segment potential）。

外銷管理者進行區隔分析，主要根據各消費者群間有關這產品的購買動機和行爲的差異情形。他可針對下列問題進行研究：誰購買這種產品？爲何購買？如何購買？何處購買？何時購買等等？藉由這種分析，可能顯示出不同年齡、所得、性別、社會階層間的差異。近年來，學者認爲市場區隔標準不限於人口統計因素，而應包括社會和心理因素，譬如審美觀念、價値觀念等。有關這些因素，本書已在各國行銷制度及世界消費者兩節中予以扼要說明。

這種區隔現象的發現，對於決定外銷者之產品設計、式樣、品質水準、以及分配、推銷等等，都有極密切的關係。

第五節　外銷策略之設計及外銷利潤規劃

設計外銷策略，首應決定外銷目標。外銷目標必須能反映公司之競爭力量和弱點，以及高層管理人員對於外銷活動之支持或熱心程度。有關外銷目標之設定，讀者可參考本書第三章第二節中關於行銷目標之討論，不擬在此贅述。

不過設定外銷目標，應有一先決條件，此卽對於市場競爭環境已有一定之假設，因此目標是否確實，有賴於外銷者能對於競爭者之行爲或反應，有較正確之判斷。

如何能達成所設定之外銷目標，有賴外銷者對於產品、定價、分配及推銷策略之選擇。這些策略，合併言之，構成外銷者之行銷手段組合，如何決定一最佳之組合，乃一極其困難的工作。

這一工作之不易，乃由於以下各項理由：

第一、各行銷手段（產品計劃及發展、定價、分配及推銷）乃係互相依存者。如不獲其他手段之配合支援，無一手段能充分發揮其功效。因此，規劃者應考慮各行銷手段間之各種各樣配合方式，從中選擇，成爲一整套的外銷策略。

第二、各行銷手段與外銷銷售之間的關係極端複雜，多非一般外銷規劃者所充分瞭解。例如廣告支出增加10%，將可增加甲市場之銷售若干？必然沒有肯定的答案。故如幾個手段同時發生變動，則估計他們對於銷售的聯合效果如何，更屬萬分困難。

第三、行銷手段組合之規劃，乃針對未來狀況而使用，但對於未來，最多只能以可能性方式予以預測。

第四、行銷手段組合之規劃，乃受外銷者實際上種種生產、財務及管理能力之限制。

由於這種種困難問題，不可能期望所設計的外銷策略是最理想的。規劃的優點，一方面，能顯示出許多問題之存在；另一方面，以理性方式企圖求得解決之道，這兩方面是相輔相成的。

規劃外銷策略，應從什麼地方開始呢？

一般認為，開始於外銷產品或產品線的評估，似乎較爲合理。因如一產品不能提供市場所需要的滿足程度，所有其他策略都將落空。其次，可考慮定價政策，尤其是外銷市場中最後消費者或使用者所支付的基本價格。第三，則考慮產品抵達目標市場所經由之通路。然後，再考慮行銷組合中另一重要手段——推銷，包括人銷、廣告及促銷。

在這階段中，所有行銷策略之選擇都是暫時性的。因爲他們之間，尚須經過結合、調整，以消除可能的衝突矛盾，增進效果；並且要配合公司財務及其他資源條件。要做到這點，先須將每一策略的成本予以預估，同時亦估計它們對於收益的影響。到這階段，外銷規劃遂能表現爲一種較爲具體與數量化的方式——外銷利潤規劃。

外銷利潤規劃

外銷管理者，於選擇行銷策略時，所想知道的，是各方案對於公司未來利潤有何影響作用——包括對於銷售收入、成本等，而種種不受決策結果影響的成本，則不包括在內。因此，此處所討論之利潤或成本，與會計上所計算之利潤成本不同。爲區別起見，一般遂稱之爲「利潤貢獻」(profit contribution)

策略性外銷規劃中所計算之利潤貢獻，係衡量整個外銷計劃之淨增利潤。使用這一利潤尺度，規劃者應對於每一決策方案提出兩項問題：它對於銷售之影響如何？它對於成本之影響又如何？當然，對於這兩個問題的答案，幾乎是不可能精確的。不過，能否獲得精確答案，並非問題重心所在。所重要者，乃是藉由這一程序，可使規劃者集中注意於如何選擇決策以增加利潤貢獻上面。

爲資明瞭起見，現以陸特所舉例子加以說明於次（註7）：

(1) 富台機械製造公司生產某種機械，除外銷某一國外市場外，餘均供內銷。

(2) 該公司供應外銷，並不需增加新的資本投資。

(3) 這種機器的單位變動製造成本是每部八萬元，並預計在整個規劃期間可保持不變。

(4) 在前此一年中，這種機器共外銷100部，佔該外銷市場之1%光景。

(5) 依市場分析，在未來四年內，估計該外銷市場之需要量將由目前之十萬部增達二十萬部，再後則水平化。

(6) 再根據市場研究及對於公司本身實力之評估，該公司自信，四年後，公司在這外銷市場的占有率可自1%增達3%——即自目前1千部增至6千部，然後保持這一水準。

（表 5-2）顯示該公司一策略性外銷計劃中之利潤提要表。這表之編製乃假定行銷手段組合已獲確定，表現爲表中之銷量、價格及行

註7　Root, *op. cit.*, pp, 13-17.

銷成本上面。不同之外銷計劃，例如以 4 %爲市場占有率目標者，即可有對應之不同利潤貢獻情況，規劃者卽根據以選擇產生最高利潤貢獻之計劃。

如（表 5-2）所示，在規劃期間之前一年內，富臺公司自其外銷業務獲得 $45,000（千元）之利潤貢獻。再根據某種主觀辦法，將這一利潤貢獻分攤於固定製造成本及一般管理費用後，計得會計利潤爲一千五百萬元。

估計在規劃期間之首年，利潤貢獻將減至 $28,750（千元），較前一年反減少 $16,250（千元）。這一減少不足爲奇，因爲新的行銷策略效果一時還不能表現出來，這包括對於減價的反應在內。顯然，如果規劃期間只限於第一年，富臺公司將不會採取這一計劃。但應注意者，卽使在這一年，公司仍能自外銷業務中獲得相當利潤貢獻，否

表 5-2 富臺公司外銷策略計劃利潤提要

（單位：千元）

項目	年度				
	0	1	2	3	4
甲、外銷銷售收益	$150,000	$168,750	$337,500	$540,000	$720,000
1. 銷售單位	1,000	1,250	2,500	4,500	6,000
2. 銷售單價	150	135	135	120	120
乙、總變動成本	$105,000	$140,000	$260,000	$450,000	$610,000
1. 製 0 造成本	80,000	100,000	200,000	360,000	480,000
2. 外銷成本	25,000	40,000	60,000	90,000	130,000
丙、利潤貢獻（甲—乙）	$ 45,000	$ 28,750	$ 77,500	$90,0000	$110,000
1. 與 0 年時比較		(16,250)	32,500	45,000	65,000
2. 累積利潤貢獻		28,750	106,250	196,250	306,250
丁、利潤貢獻之會計攤配					
1. 製造固定成本	$ 20,000	$ 20,000	$ 20,000	$ 20,000	$ 20,000
2. 一般管理費用	10,000	10,000	10,000	10,000	10,000
3. 會計利潤	15,000	(1,250)	47,500	60,000	80,000

則所貢獻之數額 $28,750（千元）必須由原有業務負擔了。由此可見會計利潤並非適當之利潤尺度。

到第二年時，行銷活動繼續增强，因此行銷成本也跟着增加。價格不變。此時，預計前一年所採之行銷努力將漸漸發生效果，銷售量上升至 2,500 單位，當年之利潤貢獻也增達 $77,500（千元）。至第三年時，富臺公司準備再減低售價。這一策略乃根據對於第三年競爭狀況之預測而決定，認爲如此方能增强公司產品之競銷能力。

由於行銷活動之繼續加强，以及其累積性效果，估計至第四年時，將可達成 $110,000（千元）之利潤貢獻和 3 %之市場占有率。

在這例子中，係假定這公司之計劃不必須增加資本支出。如果有增加廠房設備投資以擴增產能之必要，則尙應有一資本支出計劃，其中包括有投資報酬淨額之估計，並列於利潤提要表內。事實上，在資本支出與當期支出之間，並無明顯之界限，不過將開始外銷時種種支出視爲資本支出，頗有優點，因其效果係延伸於此後若干年，外銷管理者所追求者，係規劃期間內之最大投資報酬。

第六章

國際行銷研究

如果一企業在從事國內行銷時，承認行銷情報對於其決策的重要性，則他沒有理由說，在從事國際行銷時，可以不需要有關的情報。極有可能的，由於國際行銷之複雜以及對於國外行銷環境的陌生與隔閡，一國際行銷者所仰賴於可靠與迅速之情報之程度，還應該遠超過國內行銷情況中所需要者。

譬如以所搜集之情報內容而言，一般國內行銷研究所重視者，主要屬於特定問題相關之情報，例如新產品發展、定價、廣告、包裝之類問題， 而對於一般外在行銷環境的研究， 例如政治環境、 文化環境、法律環境、經濟環境等方面，或因管理人員自認已屬瞭如指掌，不必進行；或有其他機構或部門進行研究，故不屬於行銷研究範圍之內，亦較少進行。但在國際行銷研究中，有關此等外界環境及其變動趨向之研究，却往往是極其重要的一部份。故自此點言，國際行銷研究之範圍一般較國內行銷研究爲廣泛。

不過， 我們須知， 行銷研究本身乃代表一種科學方法:「就行銷範圍內之任何問題，進行有系統的、客觀的、與完整的搜集與分析事實」(註1)。儘管其應用之問題與所搜集之事實內容不同，但就方法而言，國際行銷研究與國內行銷研究基本上並無不同。因此一般於討論國內行銷研究時所說明者，均可應用於國際行銷研究，而本章所擬加探討者，則爲此等方法或原則應用於國際行銷研究時，所將遭遇之某些特殊問題。

註1　Richard D. Crisp, *Marketing Research* (N.Y.: McGraw-Hill, 1957), p.3.

第一節　國際行銷研究之特質

從原則上說，行銷研究做爲一種有用的決策工具，應該被國際行銷管理者迫不及待地予以利用。但事實上如何呢？與上述想像者大相逕庭，這原因何在？費爾威塞（John Fayerweather）敎授曾做精闢之分析。他認爲，我們仍然可利用各國環境因素之差異予以解釋（註2）。

第一、行銷研究固然是一種技術和方法，但也代表一種思想和解決問題的方式；此即對於一項問題的解決，係循由有系統的分析途徑。如果一位管理人員所採解決問題方式，爲根據直覺、衝動、傳統或習慣，則他必然不耐煩等待研究結果，或對於研究結果有何信心。

就這方面言，各國人民所表現者，頗爲不同。例如依一項對於各歐洲民族之比較研究，英國人一般屬於一種行動型民族，西班牙人一般屬於情緒型民族，而法國人則屬於理智型民族（註3）。在這三種不同民族性中，也許第一種個性還可能由於外界壓力，事實證明或邏輯理由等，加以說服，使其接受一種有系統之方法。但對於熱情洋溢之西班牙人，很難使之冷靜思攷。而唯有法國人較願意在行動前做些分析和規劃工作。

這種思想和解決問題方式的差異，也和一國敎育方式有關。在啓發式敎育方式下，人們較能獨立思攷，習慣於提出問題，解求解答；相反地，在灌輸式敎育方式下，人們只注意吸收被傳授之知識，很少發生疑問，提出問題。在後一情況下，自然傾向於接受傳統、成規，而不致進行有系統之分析。

第二、有關消費者情報之獲得，主要依賴人們之樂意合作，以提

註2　John Fayerweather, *op,cit.*, pp. 90—93.

註3　Salvador de Madriaga, *Englishmen, Frenchmen, Spaniards* (London: Oxford University Press, 1929).

供其有關個人消費之資料，以及提供之能力。就這方面言，各國情況亦有顯著不同。在某些國家，人們對於陌生人通常抱着懷疑態度，例如泰國及印尼婦女常拒絕和陌生人交談；又如在印度等國家，在鄉村中進行訪問，必須先取得村中長老之同意（註4）。還有在一些國家中，由於人們擔心訪問資料被用於查證稅收用途，也不敢提供眞實內容。

第三、進行行銷研究，常有賴現有資料，加以利用。各國在這方面也有極大差別；有的國家擁有較完備之各種經濟、人口、社會、商業等統計資料，有的却十分貧乏。這和一國的經濟發展程度有關，也和上述之文化態度有關。而一國這方面人才有無，也是一個重要影響因素。說者認爲，印度政府所公佈之各種統計資料相當良好，即和當年英國統治時代對於統計人員之注意培養有關。

第四、行銷研究必須支付成本，而研究所得資料之價值大小，則隨不同國家而異。一般言之，凡市場規模愈大者，從事研究所可能獲得之報償價值也愈大。因此，一項成本達二萬美元之研究計劃，在美國市場上，廠商足以負擔；但在義大利市場上，由於其人口僅及美國四分之一，平均個人所得三分之一，而各地區發展程度之懸殊等原因，非常可能不值得投下二萬研究費用。故如市場規模較此更小，則所能負擔之研究支出也就相形減少。

第二節　情報需要與價值

如本章開始時所言，國際行銷研究之範圍一般較國內行銷研究爲廣泛，但是究竟要搜集那些情報呢？

註4　Harper W. Boyd, Jr. Ronald E. Frank, William F. massy, and mostafa Zoheir, "On thc Use of Marketing Research in the Emerging Economies,"*Journal of Marketing*(Nov. 1964), pp.20-23.

我們知道，行銷研究做爲管理工具，所搜集之情報自應配合管理決策之需要；譬如本書第三章第一節中所稱五種國際行銷基本決策，都需要有其特定之情報，以爲決策之依據（註5）。不過，不管配合那種具體決策需要，這種情報主要是關於外界各種行銷環境方面，以及後者對於公司所採行銷策略的反應。前一種情報常稱爲「規劃性情報」，而後一種情報，稱爲「控制性情報」。

各種決策所需要的情報，和有關產品性質具有密切關係；而且這種情報多屬於具有强烈國家或市場差異性之因素，亦卽一學者稱之爲「陌生因素」(foreign factors)。他以電器產品爲例，列擧有九種此類因素，圖示如下（註6）：

圖 6-1　各國行銷模式

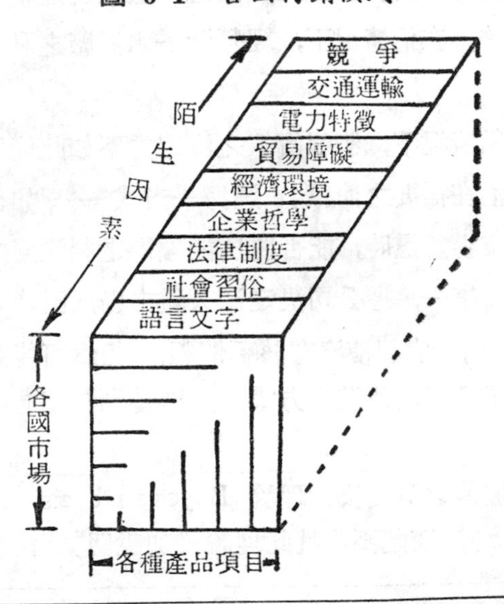

註5　本書第36頁

註6　R. J. Dickensheets, "Basic and Economical Approaches to International Marketing Research," *Innovation-Key to Marketing Progress*, 1963 Proceedings of the American Marketing Association. (Chicago: American Marketing Association, 1963), pp. 359—377.

上圖中所列舉之因素，不但隨國家市場而異，即使在同一市場內，也將因產品項目而異，例如不同之電器所需繳付之進口關稅就不相同。

情報價值

行銷情報之價值並非決定於情報本身，而是決定於它對於決策正確性之影響作用如何。問題在於如何衡量此種影響作用？

就原則言，我人可在事後比較在不同情報情況下所做決策之後果。最明顯例子是：某一行動之採取，即係根據某項情報而來；如果沒有這份情報，將不致採取此一行動。這時，有關行動後果即可代表情報價值。譬如一公司獲知某國政府爲配合國內建設需要，擬准許外人投資興建水泥廠一所。基於此一消息，這公司遂積極進行爭取，終於獲得此一特許。在這情況下，經營此一水泥廠之利潤即可代表上述情報之價值。

但是在多數情況下，情報價值之決定並不如此簡單。例如一公司基於某一市場潛在需要之情報，選擇一方式——如合資或授權之類——進入這一市場。這時，能否將所能獲得之利潤歸之於這情報呢？恐怕大有問題。第一，這公司決定進入這市場，已成定局，和這特定情報無關；其次，它即使沒有該項情報，仍然可能選擇同樣進入方式；第三、如果選擇其他進入方式，則所獲利潤將有何差別，更屬不可知之數。

近年來所發展之貝氏決策理論 (Bayesian decision theory) 企圖解答這一問題(註7)。在此不擬就此理論詳加說明。不過，就基本原則

註7 Robert D. Buzzell, Donald F.Cox,and Rex V. Brown, *Marketing Research aud Information Systems: Text and Cases* (N. Y.: McGraw-Hill, 1969), Ch. 11,Information Value, pp. 595-611. Paul E. Green and Donald S. Tull *Research for Marketing Decisions*, 2nd ed. (Englewood Cliffs, N. J.:Prentice-Hall, 1970), Ch. 2, Management Decision-The Bayesian Approach, pp.39-71.

言，乃分別計算獲有某情報條件下所做決策之期待報償，與無此情報條件下所做決策之期待報償 (expected pay-off)，二者之間的差額，即代表此一情報之價值。不過這是情報之期待毛值 (expected gross value)，經減去爲搜集此情報所採支出之期待成本後，所剩餘者，方爲此一情報之期待淨值 (expected net gain)。如果這一淨值爲正數，則表示值得進行搜集與分析這種情報；否則，進行研究將屬得不償失。對這問題有興趣者，可參攷附註參攷來源。

第三節　國際行銷研究之特殊問題

爲保證研究所得資料係屬可能情況下最正確合用，同時所支付成本亦屬最低，行銷研究之進行——不問其爲國內或國際性質——必須經由謹愼之規劃與設計。一般認爲，可普遍應用之研究步驟，有以下幾項:

1. 形成研究主題。
2. 決定研究目標。
3. 決定所需資料及資料來源。
4. 設計搜集資料之格式。
5. 選擇調查樣本。
6. 實地搜集資料。
7. 整理及分析已搜集之資料。
8. 寫作研究報告。

儘管這些基本步驟不因所應用之國家而異，但在實施時所遭遇的問題，却可能由於一國經濟文化環境而不同。以下將列舉若干此類問題，並加說明。

(一)研究主題及目標之界說

一般而言，由於這兩步驟賦予研究之範圍及方向，所以影響研究成敗至大。同時，由於這等步驟乃係銜接研究程序與決策程序之關鍵，攷慮因素較多，也特別有賴於研究者之創造能力。

可是在國外市場進行研究時，由於研究者對於當地環境之陌生，尤其由於文化之隔閡，常未能辨認若干確實有關之因素：例如管理者之決策目標與組織地位、問題之關鍵所在、可能採行之解決方案等，以致選擇錯誤之主題及目標進行研究。

又如本章開始時所稱，國際行銷研究所攷慮之範圍較爲廣泛。例如美國廠商爲研究歐洲之冰箱市場，所要攷慮之因素可能包括(註8)：

購買食物習慣
超級市場或自助式食品商店之數目
汽車普及程度
冷凍食品消費量
平均每人消費支出額
婦女就業情形
家庭幫傭有無情形
消費者信用有無情形
家庭用電成本
住宅興建及新建住宅大小
高所得家庭冰箱之普及是否飽和

論者以爲，如果在國內進行同樣研究，所須包括之因素將不必如此廣泛(註9)。

註8　參見本書第五章第四節有關外銷市場可能銷量之估計之討論，即第80頁。所列因素見：Dickensheets, *op. cit.*, pp. 359-377.

註9　Cateora and Hess, *op. cit.*, p. 641.

（二）現有資料之搜集與利用

由於研究範圍之廣泛以及研究費用高昂，在國外進行行銷研究，所倚賴於現有資料之程度一般也大於國內研究。可是不同國家所能提供之現有資料，無論在質和量方面，相差都不可以道里計。

一方面，如美國等少數先進國家，政府定期公佈各種人口、經濟、社會、貿易、住宅、農工礦業統計，並有長達百年之記錄；而民間種種團體機構，如同業公會、商業性研究機構、教育學術機構等，也提供有較詳盡之現有資料（註10）。但另一方面，今日世界上多數國家在這方面的表現，仍屬遙遙落後；一般認爲有三大缺陷：第一、資料不全或歷史太短暫，或即使有之，過份簡略；第二、眞實與可靠程度大有問題，常未能保持客觀態度，或爲了避免稅捐目的，故意加以歪曲；第三、未能及時供應，等到資料公佈時，常已失去時效。

不過由於這些問題近年來漸漸受到普遍注意和重視，多數國家都在設法謀求改進，尤其一些國際性機構，如聯合國、國際勞工組織（ILO）、國際糧農組織（FAO）、經濟合作開發組織（OECD）等等，也都積極從事各種研究和統計工作，相信上述問題在可見將來將會逐步改善。

（三）搜集原始資料

在國外市場進行實地搜集原始資料，也將遭遇有許多特殊困難和問題。

第一　爲語言隔閡以及風俗習慣之差異，使意見溝通增多一層嚴重之阻碍。語言的隔閡，尙可藉由選拔熟諳當地語言之人員擔任部份調查工作，或利用翻譯，或僱用當地人員等，以爲克服。至於民情風俗之差異，所造成之困難，尤爲嚴重，稍一不愼，即可引起誤解與糾紛。

註10　參見本章附錄：「國際行銷情報來源」。

故一般情形下，對於國外市場之原始性調查，以僱用當地合格研究機構擔任爲宜。

第二　爲交通及通訊設備是否完善，亦可影響研究工作之進行，若干地區之交通及通訊設備尙甚落伍，則種種進步之研究方法卽無法適用。

第三　爲文盲率之高低，亦形成一大問題，美國若干外銷企業，爲開拓開發中地區之市場，較重視廣播車、商品陳列、博覽會、示範、表演及贈送樣品等方法。理由之一，卽爲避免由於文字所造成之障礙，市場調查亦應注意此種困難。

第四　國外市場研究，費用可能較昂；由於市場範圍可能較廣，國外情況可能較爲生疏，以及僱用國外研究機構之代價可能較高，因之所需調查費用較高，恐非小型企業獨力所能負擔，而宜以集體力量從事之。

（四）資料分析與應用

正如同研究主題與目標之界說階段一樣，研究者必須對於所研究之國家或社會，具有較廣泛之瞭解；在於資料分析與應用階段，這種需要仍然存在。研究者不能只憑資料之表面意義，獲得結論；或憑他本國文化背景或眼光，予以解釋。這種做法，是非常危險的。

譬如有關消費者所得資料，可能在甲地區調查所獲者，普遍較實際爲高；然而在乙地區，却普遍偏低。又如報紙或電視之讀者或觀衆人數，也有類似情況。舉凡這類資料，都應儘可能設法予以評估，然後才加應用。

以上不過簡要說明一公司在實際進行國際行銷研究時所將遭遇之一些問題。由於這些問題多來自於各國特殊環境因素，爲克服這方面困難，國際企業常設法使最熟悉當地環境人士或機構參予研究計劃之擬訂與執行。這可包括委託當地機構全盤負責；或在遭遇特殊困難時，再設法尋求協助解決；中間還有其他不同程度之合作或利用方式。在實際場合中，研究者應當一方面根據公司本身之能力、經驗，尤其對於所研究市場的熟悉程度；另一方面，設法瞭解當地可加利用之研究機構——包括地方性及國際性者。然後決定所要選擇的利用程度和方式。

第四節　國際行銷研究之主要類型

行銷研究既係配合行銷管理決策，以後者之複雜，行銷研究之類型也是難以完全列舉。本節中所提出者，乃係較為常見之類型(註11)。

(1) 一般性市場調查 (general market survey)

卽收集有關目標市場 (target market) 之一般性資料，例如人口、重要都市、港口、交通中心、國民所得、工商業情況、貨幣、度量衡、進出口貿易統計、外滙及輸入規定、以及氣候、資源等。通常此等資料多有現成資料可用，不必至當地搜集。

(2) 一般性工業調查 (general industy survey)

以銷售之產品為範圍，調查目標市場中之供需及競爭情形，例如目前之供應來源，競爭品品質、分配方法、推銷狀況、銷售條件、價格水準、賦稅規定，以及有關該產品之標籤、包裝、保險之規定，與輸入配額有無等。

(3) 市場需要潛量 (market potential) **之調查**

有關某一外銷市場需要潛量之研究與估計，常為廠商對於該市場擬具外銷計劃之起點。本項研究主要有以上幾種方式：

1. 根據公司管理人員之一般經驗及判斷。

註11　*Researching Foreign Markets*, Studies in Business. Policy, No. 75 (N.Y.:National Industrial Conference Board, 1955)., pp. 24-29.

2. 根據公司在該市場之銷售記錄所顯示之趨勢。
3. 根據當地或中間商之報告所估計之數字。
4. 根據公司派赴當地實際調查人員之報告。
5. 分析當地之生產及進口統計數字。
6. 根據該市場同業公會或商會之報告。
7. 根據與本產品消費具有密切關係之因素，加以推測，例如：人口、工廠數目、電力消耗度數等。
8. 如果本產品之銷售對象限於少數顧客或工業用戶，則可根據顧客名單、或工廠名單，分別根據其設備能力、產量及已往購置，達成一合理估計。
9. 根據消費者調查，對於可能之消費者，抽樣詢問在一定價格下，是否願意購買，根據調查結果，估計市場可能之需要量。

(4) 對於競爭情況及市場占有率之研究

多數情形甚難有完整資料，以資衡量某一地區內之消費或銷售總量，以計算競爭者及本公司所佔市場占有率。因此多數公司採取以下各種方法：

1. 計算本公司輸出地區之數量，佔其全部輸入量與當地生產量之和之比例。
2. 計算本公司輸出該地區之數量，佔本國全部輸出該地區總量之比例。
3. 計算本公司輸出該地區之數量，佔所有各國輸出該地區總量之比例。

(5) 對於中間商之選擇及考核之研究

發展國外市場，除極少數情形下，多利用各種中間商擔任分配及推銷之任務。因此所選擇中間商之地區分配，密度大小及類型能力如何，關係本公司在該市場之成敗極大，故宜有相當資料以爲選擇及考核之參考。

供此目的之市場研究，所需要之資料例如有:

1. 該市場內有關貿易地區 (trading area) 之分佈及範圍。
2. 該地區內目前可資利用之銷售組織或中間商現況。
3. 有關該等銷售組織或中間商之現有經銷產品種類，以及設備服務、人員水準、財務能力等。

(6) 有關市場銷售預測及銷售配額

例如根據公司所保持之該市場詳細銷售資料，推測今後我產品在該市場之銷售趨勢。同時考慮當地需要情況有無變動及方向，以及我所投下廣告及推銷之力量大小，預測公司在該市場一定期間內之可能銷售量，做爲公司之銷售預算。不過這些只是大致估計數字，必須經常予以檢查與修正，以符合實際情況之發展。

有時根據市場需要潛量及我所佔市場比例，亦可預測公司之可能銷售量。不過，無論如何，此種銷售預算可再根據某種標準，予以更細密劃分，分別通知各地區之經銷商，以爲銷售目標或銷售配額，做爲考核其銷售成效之一項重要標準。

(7) 有關消費者之偏好測定 (consumers' preference test)

若干公司爲瞭解國外市場消費者之偏好及習慣，或此等偏好或習慣之强烈程度，舉辦有消費調查者。其結論有時可導致公司對於該市場採取重要決定，譬如:

1. 改變原有產品設計，以適合當地消費者之需要及愛好，加强本產品之競爭力量。
2. 決定利用某種推銷或廣告方法，以改變或影響目前該地區消費者之偏好或對我不利之偏見。
3. 認爲基本情況極爲不利，無法挽救，只得放棄該一市場。
4. 其他有關產品包裝，廣告訴求 (advertising appeal)，及分配方法等修改或變更，亦可能係市場消費者偏好調查之結果。

不過若干公司認為有關消費者之態度或反應，可依賴當地中間商之談判與反映，不必進行本項調查。亦有若干公司，僅於新產品上市前，方利用此種調查。

(8) 對於推銷效果之調查

今日若干積極進取之公司，為圖對於所銷售之市場，保持有直接之溝通與控制，常在財力及能力許可下，直接控制其產品之推銷工作，納入公司整個推銷計劃之內。雖然有關技術及專門工作，可委託當地市場服務或廣告公司擔任，同時亦需遵重當地中間商之意見。但最後之控制仍操諸已手。尤其近年來推銷費用所佔比例之普遍增加，公司每關心其推銷方法是否確實有效，因而進行種種調查研究，例如對於所採用之廣告策略，訴求、文辭挿圖、以及媒體，與推銷器材或方法，皆可分別根據當地情況，測定其效果，為選擇改進之根據，使公司之推銷支出，產生最大之效果。

第五節　國際市場之區隔化研究

自從史密斯教授 (Wendell R.Smith) 於 1956 年提出其重要論文:「產品差異化與市場區隔化之兩種行銷策略」以來 (註12)，有關「市場區隔化」(market segmentation) 問題，就一直成為行銷學內最受重視的討論題目之一。主要原因在於：隨着市場範圍和廠商生產規模之擴大，已超過經濟規模所需要之水準；在這情況下，一廠商為求加强市場上競爭力量，以及銷售之密集發展，這時所感需要的，不是求

註12 Wendell R Smith, "Product Differentiation and Market Segmentation as Alternative Marketing Strategies," *Journal of Marketing*, 21 (July 1956), pp.3-8.

市場之統一化和產品之標準化；相反地，它需要能以某種方法，再度發掘市場構成之部分，使它能以不同產品供應不同的「分市場」(submarkets)(註13)。

(一) 區隔標準及區隔程序

就原則言，以國際市場所具備之多元性 (heterogeneity) 以及構成單位規模之龐大，應用這種「市場區隔化」策略，應無問題。所不同者，似乎在於所利用之區隔標準；由於構成單位乃是國家或經濟體，其所具有的特質，必須以一些「總體性」(macro-) 變數加以描述，例如文化模式、所得水準、工業化程度、政治或法律制度之類，也就是我們一般所稱之行銷環境因素。

不過這並非謂，一般用以區隔消費市場或工業市場之種種標準，在國際市場中可以完全揚棄。因為在將構成國家先行區隔之後，仍然有待利用原有標準，例如消費者社會經濟特徵，工業用戶規模或業別之類，再行針對某區隔市場內之國家，進行第二階段之區隔。所以就國際市場而言，其區隔化程序應包括有兩個步驟，如下圖所示(註14)：

圖 6-2　國際市場之區隔化程序

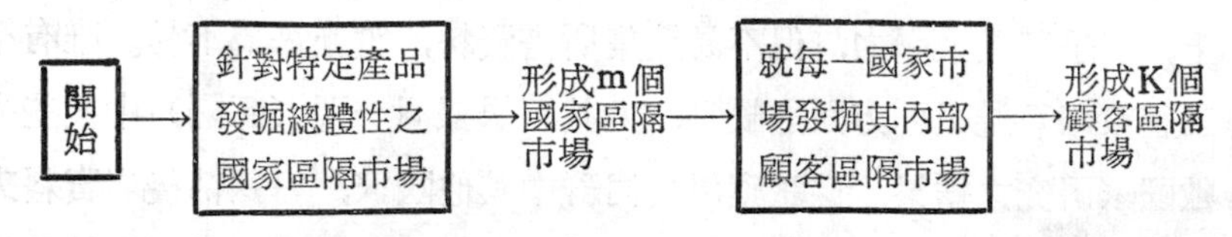

由於本節所討論者，著重於國際市場應用「市場區隔化」策略之特殊問題，故在上述兩步驟中，主要討論第一步驟，亦即如何將一錯

註13　Ronald E. Frank, William F. Massy, and Yoram Wind, *Market Segmentation* (Englewood Cliffs, N.J.: Prentice-Hall, 1972), pp. 4-6.

註14　*ibid.*,p.92.

綜複雜之國際市場，區隔為若干分市場之問題。

（二）區隔化策略

以國際市場為對象進行區隔化，基本上卽有三種不同策略：

第一　視每一國家市場為一獨特之單位市場　因此有關一公司所採行銷政策或策略，卽配合每一個別國家市場而異。譬如逐國分析之規劃方式，卽係基於這種假定而來。

第二　視若干類似之國家市場為一區隔單位　一般所採標準有：地理位置、文化模式、經濟發展階段、政治氣候等。如果這些市場對於某種產品之購買行為，確和這些因素具有密切關係，一企業自可針對各群同一區隔內之國家，規劃可普通適用之行銷策略。

第三　認為國家界限並非一定要用的區隔單位　因此有時可簡化上述兩階段之區隔步驟為一個階段，此卽將全世界市場為對象，進行個別消費者或用戶之區隔化。或者，就某些國家進行後一階段之區隔分析。例如就某些產品而言，可能凡是美、加、或日本之青少年都有類似之購買行為模式，則所有這幾個國家之青少年卽構成一單獨之區隔市場，而無睹於其間之國家界限。

在上述三種策略中，第一種過份拘泥於個別國家界限，可能不適合今日國際企業所採全球眼光與全球規劃之精神。第三種，在觀念上，似乎甚具吸引力，但不易搜集所需資料，實施甚為不易。唯有第二種策略可避免兩方面之缺點，尤其可根據同一群（區隔）中某些少數國家研究之結果，嘗試應用於同群中其他國家，可彌補後者資料方面之不足，並可節省費用，故學者稱這種研究方式為一種「比較分析法」(Comparative analysis)（註15）。

註15　Bertil Liander (ed.), *Comparative Analysis for International Marketing* (Boston: Allyn and Bacon, 1967), pp. 40-54.

(三) 國際市場之比較分析法

近年發展之國際行銷觀念，係建立在一基本假定上，此即：在今日世界上數以百計之市場間，乃兼具有差異性與共同性；國際行銷者及研究者之基本任務，即在於發掘此種差異性與共同性之所在及程度，將其納入於決策之內。

上述之比較分析法，即在於發掘各市場間有何共同特性，對於行銷決策具有意義。譬如往常將若干位置相近之國家，視爲一個較大單位，從事規劃、組織與控制。這除了可能由於氣候、文化、經濟發展等因素之類似外，尙由於配合溝通之需要。但實際上，國家之組合基礎，尙有其他特徵，較地理位置更有意義。例如洛斯托（W. W. Rostow）將世界上國家分爲五大類，即係根據經濟發展基礎。

不過，對於決策具有意義之分類基礎，隨產品而異。因此每一公司必須自行尋求所用之基礎。如果能夠這樣做，可能獲得以下幾方面的利益：

第一 可簡化行銷策略之規劃工作 不必重複爲每一市場從事此種工作。尤其對於一些較小市場，可不必佔用大量人力及研究費用。

第二 可便利市場間之績效評估 因爲比較類似市場中之表現，較具有意義和作用。

第三 可彌補研究資料缺口 (data gap) 問題 例如一公司發現，有關某國之某方面資料不足，則可假定這一國家此方面情況應和同類國家大致相同，以後者資料替代使用。當然，這一假定未必一定正確，但一般而言，相差不致太遠；且可斷言者，如此所做之假定，當較孤立判斷者爲佳。

據說，某一食品公司曾根據洛斯托之經濟發展階段觀念，將其海外市場分爲幾類，然後分析在各類市場中，該公司所銷售之產品種類及數量，發現和當地經濟發展階段密切相關，而非和多年使用之地理分類(註16)。

（四）區隔基礎(註17)

到底有那些基礎，可用以區隔國際市場，或將各國家市場予以分類呢？

一般而言，就總體階層而言，有兩類基礎。一是一般性國家特徵(general country characteristics)，一是特定性國家特徵 (situation-specific country characteristics)。現分述於次:

（1）一般性國家特徵

代表一些屬於國家固有之特徵，對於需要之一般性質——例如購買產品種類、購買方式等——具有影響作用者。不過這些特徵中，有的可以客觀衡量，有的有賴推論；前者如地理位置、人口特徵、社會經濟之發展階段；後者如文化特徵、政治因素等。

（2）特定性國家特徵

代表與特定產品，供應者或購買情況有關之國家特徵。屬於經濟及法令限制因素者，如政府有關之經濟政策、關稅及其他捐稅、專利規定、產品標準、消費者信用規定等。

屬於市場情況因素者，如與產品有關之競爭狀況、產品生命週期、技術水準、行銷組織等。

屬於與產品有關之文化及生活方式 (life style) 因素，如價值觀念、休暇方式等。

註16　Vern Terpstra, *International Marketing* (New York: Praeger, 1972)

註17　詳見 Frank, Massy, and Wind. *op. cit.*, pp. 103-111.

附　錄　一

國際市場情報來源

國際市場情報多如瀚海。一方面，業者感到無所適從，不知如何下手搜集所必需之資料；另一方面，遇到實際問題時，又感到有關資料盡付闕如，只好憑個人經驗，記憶和判斷以爲解決。事實上，無人能事先告知業者所有他將使用的資料；因爲後者必然配合所發生的問題而定。因此在本文中所提供者，僅屬一種較有系統之途徑和線索，協助業者自行尋求市場情報時之助。

依自簡而繁，或由粗而細之順序，從事外銷業者或研究者所應熟悉之市場情報來源，可歸納爲以下幾類：

（一）索引和目錄類

這些索引和目錄本身並不能提供使用者所需之情報，但是它們可引導他進行搜集該等有用的情報。如果外銷工作者平時備有這些索引和目錄之類工具，至少他隨時可查閱有關問題已有何種研究或資料，然後決定是否値得進一步尋求該項研究報告或資料，以及如何進行尋求。如果某種資料爲他經常利用者，他就可以備置案頭或取閱便利之處，以備隨時查閱。

一般常見之市場情報索引或目錄計有以下幾種：

1. Checklist of International Business Publications

係由美國商務部出版，所包括之出版品上溯及1954年十一月之久。係依國家別之英文字母順序排列。每半年出版一期。所包括之重要出版品有：「國家市場調查」(Country Market Surveys)，「海外商業報告」(Overseas Business Reports-OBR)，「國外生產及商業報告」(Foreign Production and Commercial Reports)，

「國外經濟趨勢及其美國之涵義報告」(Foreign Economic Trends and Their Implications for the United States) 等

2. International Commerce Weekly (ICW) Index

係由美國商務部配合其「國際商業週刊」(International Commerce Weekly)，每季出版一次，亦係依國家別排列，包括有關要聞，法令規章及各種海外市場分析報告等。

3. U.S. Department of Commerce Publications Catalog and Index

所有美國政府機構有關國內外商業之出版物皆網羅在內，定期出版，係依項目及國家之混合分類排列。

4. Catalog of United States Census Publications

由美國普查局 (Bureau of Census) 每年出版一次，其中包括有「對外貿易篇」(Foreign Trade Division Section)，列有進出口貿易之提要報告，亦按項目及國家之混合分類排列。

此外又有「美國對外貿易統計出版物目錄」(Catalog of U. S. Foreign Trade Statistical Publications) 每月出版，刊列有關對外貿易及特定問題之出版及未出版報告名稱及來源。

5. Catalog of U.N. Publications

定期出版，刊列聯合國所有供發行及出售之出版物及文件，並包括有各種參考書目，如世界及區域經濟、法律、統計及其他官方文件。

6. Market Information Guide Subject Index

係由美國商務部商業及國防服務處 (Business and Defense Services Administration) 每半年出版一次。所刊列者，爲有關國內外行銷及分配方法與統計之資料，包括官方及民間所出版者均在內，乃依項目順序排列。

7. Publications of the International Labour Office

刊列國際勞工組織 (International Labour Organization-ILO) 每年出版之文件、會議記錄、研究報告等。當然直接或間接皆與國際勞工問題有關。

8. Catalog of Organization for Economic Cooperation and Development (OECD)

每五年正式出版一次，但每年均有補充目錄。所刊列者，爲經濟合作開發組織（OECD）出版書籍及報告，涉及範圍極其廣泛。

9. Index to International Financial News Survey

係由國際貨幣基金 (International Monetary Fund-IMF) 每年出版。調查世界各國有關經濟、財政、貨幣、預算等方面之報告或資料。主要按國別排列，但間亦採項目順序編排。

10. Foreign Commerce Handbook

係由美國商會國外商業部 (Foreign Commerce Dept., Chamber of Commerce of the United States, Washington) 出版，刊列對外貿易之基本情報及主要來源。

11. The New York Times Index

每月出版兩次，每年再綜合出版一次。將每日出現於紐約時報之新聞，依項目、地點、人物、機構予以分類並提要。

12. The Wall Street Journal Index

每月出版，將每日刊載於華爾街日報之新聞，分別依公司名稱及項目兩標準分類排列。

13. Bibliography on Domestic Marketing Systems Abroad

係由 Donald F. Mulvibill 編輯，康特州立大學經濟及企業研究處 (Bureau of Economic and Business Research, Kent State University, Kent, Ohio) 出版。

（二）期刊類

事實上，這些期刊名稱已包括於前述之索引或目錄內，尤其是 Checklist of International Business Publications 中，不過爲了取閱及參考方便，其中某些期刊可能值得訂閱，今舉重要者如下:

1. Commerce Today

　　乃由美國商務部公共服務處 (Office of Public Affairs) 出版之雙月刊，此一刊物之前身即係「國際商業週刊」(International Commerce Weekly)。主要爲提供國內外商業要聞，以及有關應用科學技術於工商問題之類新聞。

2. The Overseas Business Reports (OBR)

　　提供特定國家特定項目或問題之資料，例如基本經濟資料，經濟開發、投資環境、租稅制度、外人投資法令、生活費用及情況、技術合作及外滙管制、進口關稅制度、專利及商標法規，藥物或食品規定等等。也包括有美國和世界主要地區之貿易統計報告。每年出版之個別報告大約在一百種左右。

3. Bureau of the Census Report FT-410

　　每月（年）出版，分析美國出口貿易，分依貨品及進口國家別排列。此外尙有類似之貿易資料報告:

　　Report FT-420—美國出口，依進口國——貨品分類。

　　Report FT-110—美國進口，依貨品及來源國別分類。

　　Report FT-120—美國進口，依來源國及貨品分類。

　　Report FT-800—美國與波多黎各、維京群島及其他美國領土間之貿易。

4. OECD Statistical Bulletins

　　係由經濟合作及開發組織出版，包括兩部份:（1）包括歐洲各國工業及農業生產，人口、勞動力、貿易統計，批發及零售價格指數, 薪資、金融及其他經濟指標, 分別每月或每兩月發表一次。

(2) 各國對外貿易統計。

5. Direction of International Trade

係由聯合國統計處每月出版， 報導一百餘國間之進出口貿易，乃極有用之統計尺度，藉以衡量市場潛量及規模。

6. Survey of Current Business

美國商務部每月出版，除刊載專論外，並有一系列之美國國際貿易、旅行及投資統計。

7. Export Trade

爲美國 Thomas Ashwell & Co. 出版之週刊。

8. International Trade Review

爲美國 Dun & Bradstreet 徵信公司出版之月刊。

9. The Import Bulletin and the Export Bulletin

爲紐約 Journal of Commerce 日報社所出版。

10. Packing and Shipping

由美國 Bonnell Publications, Plainfield, N.J. 出版之月刊。

11. Kiplinger's Foreign Trade Letters

由 Kiplinger Washington Editors, Washington 出版之月刊。

12. Business International

由紐約 Business International 社所發行之通訊及特別報告。同時由該社發行的，尚有較爲專門之 Business Europe, Business Latin America, Business Asia 等刊物。

13. World Business Spotlight

係由倫敦之 the Economist Intelligence Unit 所發行。

14. Latin America Business Highlight

係由紐約 Chase Manhattan Bank 按季發行之刊物。

15. The European Common Market Newsletter (EEC)

係由紐約一民間機構 the European Common Market Development Corp. 每週出版。

(三) 年鑑類

1. U.N Statistical Yearbook

包括國家及項目均極廣泛，遍及一國之自然、經濟及社會結構情況，時間亦長達二十年期間。

2. U.N. Yearbook of International Trade Statistics

乃將前稱之 Direction of International Trade 月刊綜合編製而成，包括期間通常爲五年。

3. U.N. Statistics of National Income and Expenditure.

通常亦係包括有五年數字。

4. U.N. Annual Economic Surveys

屬於地區性經濟報告，包括：世界性、歐洲、拉丁美洲、非洲及中東、亞洲及遠東。其內容偏重於：農工生產、通貨膨脹及緊縮趨勢、國際貿易及金融等項目。

5. Balance of Payments Yearbook

係由國際貨幣基金以散頁方式出版，提供大約七十個國家有關貨品及勞務交換所發生之國際借貸詳細資料。

6. Annual Report on Exchange Restrictions

亦係由國際貨幣基金出版，對於各國外滙規定及限制情況，予以提要說明。此等規定及限制係應用於貿易支付，資本及股息滙出，旅遊及交通支出，外銷佣金，勞務等方面者。

7. Eurotariff

係由紐約 Thomas Ashwell & Co. 發行，每月更新，刊載歐洲共同市場適用於會員國及非會員國之現行稅率。

8. Yearbook of Labour Statistics

由國際勞工組織出版，提供一百個以上國家有關勞工及社會狀況之資料。

9. The Europa Year Book

係由紐約州 Noyes Development Corp., Pearl River, N.Y., 發行，分上下兩卷。上卷屬於歐洲部份，包括蘇俄和土耳其；下卷包括非洲、南北美洲、亞洲及澳洲。提供資料項目計有：各國經濟及統計資料、憲法、政府、政黨、法律制度、宗教及教育。同時對於每一國家尙有一重要機構名錄部份，列舉該國報紙、期刊、出版商、廣播及電視、銀行、保險公司、商會、同業公會、工會、航空公司、鐵路及航運公司、學術機構、研究機構、圖書館、博物館及大學等之名稱、地址及其他有關事實資料。

10. The Gallatin Annual of International Business

由美國之 American Heritage Publishing Co. 出版，厚達一、六〇〇頁。其中包括有國際商業名辭彙集，二百種以上之統計項目，一二〇個國家研究報告，管理論著，各種服務機構等。

(四) 有關協會或同業公會

由於若干協會或同業公會本身設有各種專門委員會、研究小組，搜集和分析有關資料或問題，出版專門報告。因此業者如能和這些機構建立關係，或保持連繫，將可獲得機會利用這些資料或報告，節省本身之人力物力。

有關國際商業之協會或公會名稱可自下列來源查閱：(1) Foreign Commerce Handbook（請閱前述第(一)款第十項），(2) The National Associations of the United States：美國商務部出版，列有一六、〇〇〇個機構名稱。(3) the Yearbook of International Organizations: 由位於比利時布魯塞爾之 Union of International Associations 出版，包括有一千個以上之國際性機構名稱。

下面所列舉者，代表其中若干較爲活躍之機構：

1. Chamber of Commerce of the United States

   總會設於華盛頓，係由美國及海外各種商會及同業公會組成，會員多達三、五〇〇種機構。其國外商務部 (Foreign Commerce Department) 出版有國際貿易基本資料，擧辦各種調查研究，並和國內外貿易及商業機構合作提供各種服務工作。

2. the National Foreign Trade Council, Inc.

   爲美國對外貿易協會組織中規模最大之一個，亦經常發表各種國際貿易及投資之報告，並擧辦會議。總部設於紐約市。

3. Far-East-America Council of Commerce and Industry, Inc.

   亦係設於紐約市，美國許多著名公司皆參加爲會員，每年擧行年會，目的在促進美國與亞洲各國之經濟關係。

4. International Advertising Association, Inc.

   其會員遍及世界各國之廣告主及媒體機構，每月出版有 International Advertiser 刊物。

5. U.S. Council of the International Chamber of Commerce

   即設於巴黎之國際總商會美國分會，出版有 ICC News 之每月通訊以及有關貿易與投資之報告及小册子。會址設於紐約市。

6. The International Management Association

   本身爲 American Management Association 之附屬機構，擧辦有各種研討會供美國及外國高級管理人員參加。同時出版有與國際企業有關之管理問題研究報告。會址亦設於紐約市。

7. National Industrial Conference Board

   乃一極重要之情報來源，屬於一民間機構。每年擧行各種會議，出版各種管理及商業之研究報告。亦設於紐約市。

8. International Executives Association

這是由全美國從事貿易之高級經理人員所組成之機構，研究國際貿易之方法技術及遭遇之問題，出版報告及通訊。亦設於紐約市。

9. National Council of American Importers

爲一代表美國進口業及進口服務業之機構，出版有情報通訊，討論有關進口政策及其他問題。設於紐約市。

10. National Coordinating Committee (NCC) for Export Credit Guarantees

係由紐約之 New York Board of Trade, Inc. 國際部所主持，其目的爲檢討世界各地之輸出信用保險制度，並將其和美國現行制度加以比較。

（五）主要參考書籍和工具

利用國際市場資料有一基本困難，此即由於文字或習慣上之不同，相同產品可能使用不同名稱，反而不同產品却有時使用相同名稱。使得從事產品之分析比較極端困難。爲解決這一問題，在國際上，遂有商品標準分類及編號之編製。在這方面的參考工具有：

1. Commodity Indexes to Standard International Trade Classification (SITC)

由聯合國統計處出版，將國際貿易中之商品全部依「國際貿易標準分類」(SITC)詳加列擧，包括商品約有二〇、〇〇〇種。

2. Indexes to the International Standard Industical Classification of All Economic Activities (ISIC)

亦係由聯合國統計處出版，將所有產品、活動、機構、職業依「國際行業標準分類」(ISIC) 列擧，包括有一七、〇〇〇名稱。

3. Standard Industical Classification (SIC) Manual

由美國聯邦政府預算局出版，可向華盛頓之美國政府印製處(Superintendent of Documents, Government Printing Office) 購取。主要屬於產品分類，尤其以製造品爲主，不過亦包括農、林、漁牧、金屬、礦冶與石油產品。

再一類重要參考工具，爲工商名錄類資料來源，例如:

4. Latin American Market Guide

係由 Dun & Bradstreet 公司出版，內列有一九〇、〇〇〇家廠商名稱，包括其信用、資本及商業編號資料。

5. International Market Guide-Continental Europe

亦由 Dun & Bradstreet 出版，列有七五、〇〇〇家廠商名稱，包括資料與前相同。

6. International Telephone Directory (Yellow pages)

由 Pan Terra Directories 出版，即一般所稱之 International Yellow Pages。

7. Marconi's International Register

係由 Telegraph Cable and Radio Registration, Inc., New York 出版，內列五〇、〇〇〇家以上廠商名稱，包括各類工商業，服務業及專門職業之名稱、地址，電報掛號等。

8. American Register of Exporters and Importers

由同一名稱之公司出版，位於紐約市，每年出版一次，內列二五、〇〇〇家製造業，依產品分類排列。

9. Buyers for Export

由 Thomas Ashwell & Co. 出版，內列各類型出口業者名稱，如外國廠商之採購代表，外銷貿易商及佣金商，製造銷售代理及聯合外銷經理 (Combination export managers) 等。

最後再介紹幾本有關外銷或國際貿易基本參考書籍:

10. Exporters Encyclopedia

 由 Thomas Ashwell & Co. 出版。

11. Dictionary of Foregin Trade

 由 Prentice-Hall 出版。

12. International Advertising Standards and Practices

 由 International Advertising Association. 出版。

13. Glossary of International Economic Organizations and Terms

 由國際總商會美國分會出版。

附錄二

國際貿易中心及其情報服務

目前國內從事貿易廠商對於國際市場情報來源，以來自美國方面者較爲熟悉，例如美國商務部各種出版品之類。實際上，在日內瓦有一機構，其設立之主要目的即爲協助開發中國家推廣外銷：一方面經由提供國際市場情報及外銷推廣技術；另一方面，藉由舉辦或協辦有關訓練，提供外銷推廣諮詢服務。

這一機構之名稱爲「國際貿易中心」(International Trade Centre)，乃由聯合國貿易及開發會議（UNCTAD）和關稅及貿易總協定（GATT）所聯合支持，每年撥有一定預算供該中心從事各種活動。另外各個別已開發國家亦有自願性捐贈。聯合國發展基金(UNDP)亦針對該中心的舉辦之顧問諮詢，訓練等活動，撥款支援。

在我國未退出聯合國以前，該中心經常派有專家來臺協助我政府及民間機構從事貿易推廣計劃之設計及訓練工作，並聘請我政府主管貿易官員擔任該中心在華聯絡官，免費贈送該中心各種出版品及研究報告。其他政府及民間貿易機構亦可去函索取，該中心亦多免費供應。

目前有關該中心之出版品及研究報告，仍由我對外貿易發展協會貿易資料圖書館經常搜集，供業者查閱使用。本文中擬將加介紹者，爲該中心近年所出版之三種索引。由於貿易或市場情報多如瀚海，且來源不一，使用者每感尋覓不易，亟待有索引之類工具以爲指引。以下所說明者，代表三大資料來源之鎖鑰，希望藉此可引導業者進入此等資料寶庫。

(一) 產品及產業性期刊注解目錄

(*Annotated Directory of Product and Industry Journals*, ITC, UNCTAD/GATT, Geneva, 1970)

如衆所知，國際市場情報的一個最有價值的來源，是一些專業性期刊。在此所謂專業性者，乃由於這些刊物的內容主要集中於某種特定產品或行業。因此對於相關之貿易廠商言，利用這種刊物獲知本行本業情報，將感到十分方便。

可是在今日世界上，這類刊物亦不計其數，以本項目錄中所搜集者，即達八百種以上，而且限於以英、法及西班牙三種文字發表之最重要期刊。種種偏於科學技術性質者，尙未包括在內。

在這本期刊目錄中，對於所登錄之刊物所提供之資料項目，計有：期刊名稱、出版者、出版期間、使用文字及訂價。最可貴者，爲在每一刊物項下，並扼要描述其內容之性質，例如：產品類別，情報性質（商業性、經濟性、或技術性），地理範圍。

而且還進一步分析其內容經常包括之項目，例如：生產、消費或貿易統計、生產預測、生產技術、產品設計、標準、品質管制、包裝、運輸、儲存、分配通路、價格、貿易法規變更、市場情報及行銷方法，商展及博覽會消息、貿易機會、重要會議、書評等。因此只要查閱這一目錄，即可獲知這一期刊之內容梗概。至於這刊物是否定期出版，也儘可能說明。

爲供業者查閱便捷起見，這八〇〇種左右刊物名稱之排列，主要係依「標準國際貿易分類」(Standard International Trade Classification-SITC)，並附列對應之「布魯塞爾關稅分類」(Brussels Tariff Nomenclature-BTN) 編號。如果一刊物所包括之產品或產業達一種以上，則在相關之「標準國際貿易分類」編號下重複刊錄。又如在同一產品或行業類別中，有一種以上之刊物，則分別依出版地國家之英

文字母順序排列。同時在附錄中，又將所有刊物依其名稱之英文字母順序排列，以便查考。（請參閱附件一）

（二）產品及國家別市場調查分析性目錄

(*Analytical Bibliography, Market Surveys by Products and Countries*, ITC, UNCTAD/GATT, Geneva, 1969)

編製本項市場調查報告目錄之目的，主要在避免不必要之重複研究工作；即使原有之調查已嫌過時陳舊，內容有待更新，但藉由本項目錄，至少可告知研究調查者前此已有之研究，供他擬定調查計劃之基礎。

此處所稱之市場調查，係採廣義解釋，此即其內容可包括下者任何一者或全部：

(1) 特定產品市場調查：包括市場潛量及貿易流量之分析。

(2) 特定產品行銷過程之研究。

(3) 特定國家或區域市場之性質之分析。

本目錄中所網羅之市場調查報告，不限於國際貿易中心本身所提出者。主要皆係1964年以後所出版者—不過也有少數產品或國家，資料極端匱乏，因此不得不包括其較早期之調查報告在內。有些調查相當詳盡，有些只有部份資料較具價值。

在每一調查報告名稱下，除刊錄其出版者、出版時地及價目資料外，並有一簡單之提要，說明該項調查之性質，俾供讀者決定，有無必要進一步索閱原報告。不過也有些調查報告，即使國際貿易中心亦未能獲得，說明部份只好從略。而所有出版者之地址係最後統一彙列於附錄內。

本目錄分爲兩大目錄：第一部份爲有關產品別之市場及行銷研究；第二部份則爲有關市場（國家或地區）別之研究。每一出版品皆賦予以一編號；屬於第一部份者，在編號前冠以I字，第二部份則爲

Ⅱ字。

在產品別研究部份內， 各報告亦係按「標準國際貿易分類」排列，同時附列「布魯塞爾關稅分類」編號。在同一產品類別中，如有一個以上之調查研究報告，則先依其涉及之地理範圍大小爲準，最先爲世界性者， 繼之以全洲性， 然後爲國別性之報告。而各國別性報告間，係依國名之英文字母順序排列。假如一報告所包括之產品或國家在一個以上。則這一報告名稱分別在相關位置重複刊錄。

爲保持本項目錄之時效，國際貿易中心計劃每隔幾年卽予補充修正一次。（請參閱附件二）

（三）世界產業及貿易同業公會名錄

(World Directory of Industry and Trade Associations, ITC, UNCTAD/GATT, Geneva, 1970)

本項名錄屬於國際貿易中心出版品中極爲熱門的一種。當1966年首次問世時——當時稱爲二十八國家製造及貿易同業公會 (Manufacturing and Trading Associations in Twentyeight Countries)——不及一年，卽已索取一光。依該中心所知，開發中國家之外銷廠商和外銷推廣機構廣泛利用此等線索以尋求國外進口商和有關產品及市場情報。

1970年再版之同業公會名錄較前擴大甚多；所包括之公會數目自二千家增至六千家，涉及國家亦由二十八個增至六十個。同時爲便利分析利用，此一名錄也包括兩部份：先將各公會依產品類別排列；再依所屬國家順序排列。

產品類別之排列順序亦依照「標準國際貿易分類」，並附列「布魯塞爾關稅分類」編號。如果公會機構所涉及之產品或產業類別超過一個，則這公會名稱分別在相關類別處重複刊錄。由於國際貿易中心在編列本名錄前，獲知位於巴黎之國際總商會 (International Chamber of Commerce) 已亦在1970年將該會1956年出版之「世界商會年鑑」(World Yearbook of Chambers of Commerce, 1956) 修訂，故在本名錄中未包括各地商會在內以免重複。

由於本名錄僅限於同業公會性質，凡直接參與買賣業務機構均不包括在內。一般言之，產業及貿易公會通常具有多種功能，例如：保障會員廠商合法權益，搜集及分發情報，從事市場、技術及科學研究，負責產品推廣等。有時，乃將研究及推廣功能分開交由某些專門機構擔任，甚至成立一國際性機構——例如國際咖啡組織(The International Coffee Organization)國際羊毛總會 (the International Wool Secretariat)等——此等機構，乃列於相關產品類別內，再依其總會所在地國家排列。

爲便利英語讀者方便，凡非英文原名之公會名稱，均附有非正式之英譯名。若干國家——特別是較小之開發中國家——極少專業性產業或貿易同業公會存在，所有者多爲一般性公會，無法依 SITC 或 BTN歸類。在這情況下，只能列於本名錄第二部份國家別名錄中。

以我國現有之同業公會言，刊載於本名錄中者，屬於產業別者，舉例有：

臺灣區蔬菜輸出業同業公會 (Taiwan Regional Association of Vegetable Exporters-Group 054 p. 49)

臺灣區毛紡織工業同業公會 (Taiwan Regional Association of Woolen Textile Mills-Group 653, p. 208)

臺灣區鞋類輸出業同業公會 (Taiwan Footwear Exporters Association-Group 851, p. 318)

屬於國家別者，舉例有：

中華民國全國工商總會 (Chinese National Association of Industry and Commerce-p. 348)

中華民國全國工業總會 (Chinese National Federation of Industries-p. 348)

中華民國國際貿易協會 (International Trade Association of the Republic of China-p. 348)

中華民國僑資事業協進會 (Overseas Chinese Enterprise Association of the Republic of China-p. 348)

臺灣省進出口商業同業公會 (Taiwan Importers' and Exporters' Association-p. 348)

(請參閱附件三)

附件一 產品及產業性期刊註釋目錄（樣張）

PRODUCT AND INDUSTRY JOURNALS CLASSIFIED BY PRODUCT INTEREST ACCORDING TO SITC SECTIONS, DIVISIONS AND GROUPS

Serial number	SITC BTN	O. FOOD AND LIVE ANIMALS
1	O.	*Bolsa de Cereales* Bolsa de Cereales, Buenos Aires, Argentina. Monthly. Spanish. US$3.00 p.a. Airmail: US$6.00 AGRICULTURAL PRODUCTS: commercial and economic information; world-wide but focused on Latin America. Regular coverage: production, trade, consumption statistics, interpretation of statistical trends, company and management information, prices, analyses of price trends, trade negotiations and agreements. Irregular coverage: production plans and forecasts, packing and packaging, distribution channels, market information, market surveys, changes in customs tariffs and other foreign trade regulations, tenders, meetings, conferences, book reviews.
2	O.	*Tecnologia Alimentaria* Tecnologia Alimentaria, 25 de Mayo 786, Piso 12, Oficina 80, Buenos Aires, Argentina. Bi-monthly. Spanish. Argentina: M$N 2,300.00 p.a. South America and Spain: US$ 15.00 p.a. Others US$18.00 p.a.

FOOD INDUSTRY: commercial, economic and technical information; South America. Production, trade consumption statistics, company and management information, production plans and forecasts, production technology and trends, design, standardization, quality control, packing, packaging, methods of transportation and storage, market information and surveys, changes in customs tariffs and other foreign trade regulations, trade promotion, exporting, marketing, publicity, trade fairs and exhibitions, tenders, business opportunities, meetings, conferences, seminars, book reviews.

3 | O. | *Food Store News*

Australian Photojournalism Co.,
Suite 5, 545 St. Kilda Road, Melbourne 3004, Victoria, Australia. Monthly. English. $A 2.00 p.a.

FOOD AND GROCERY: commercial and technical information; Australia.
Company and management information, production plans and forecasts, packing, packaging, methods of transportation and storage, distribution channels, market information,

Annotated Directory of Product and Industry Journals, International Trade Centre, UNCTAD/GATT, Geneva 1970.

附件二 產品及國家別市場調查分析性目錄（樣張）

Part One Market Studies by Products

Division 00: Live Animals, and 01: Meat and Meat Preparations

SITC BTN***

001. 01. I-1 *Perspectives du marche international en matiere d'animaux pour la production et la reproduction*

(Outlook on the international market for animals for production and reproduction)

C.N.C.E., Paris, 1966, 56 pp.

An analysis for various countries of foreign trade and the breeding of different strains; the prospects of and conditions for expansion;. competition, prices policy and export subsidies. Statistics.

SITC	BTN		
001.	01.	I-2	*Meat: A Review of Production, Trade, Con-*
011.	02.01		*sumption and Prices relating to Beef, Live*
	.04		*Cattle, Mutton and Lamb,Live Sheep, Bacon*
012.	02.06		*and Hams, Pork, Live Pigs, Canned Meat,*
013.	16.01		*Offals, Poultry Meat*
	.03		Commonwealth Secretariat, Commodities Div-
			ision, London, 1967, 151 pp., £1.10.0d.

Brief review of the production, distribution and consumption of meat and preserved meat in the main producing countries,bringing out the

* Standard International Trade Classification.
** Brussels Tariff Nomenclature.

part played by Commonwealth countries on the world market.

001. 01. I-3 *Livestock and Meat Marketing in Latin America*

ILMA, Bogota, 1966, 26 pp.

Study of consumption in a number of selected countries, of exports and imports, transportconditions, wholesale and retail markets, commercial development and price control.

001. 01. I-4 *Review of the Agricultural Situation in Europe at the End of 1967*

001. 02. (2 volumes)

011.4 02.02 *Volume I: General Survey, Grain, Livestock and Meat* (pp. 49-200)

Prepared by the ECE/GAO Agriculture Division of the Secretariat of the Economic Commission for Europe, Geneva, 1968, 395 pp., $4.50.

Analysis in depth of the market for meat, livestock and poultry in Europe. Deals, on the basis of various statistics, with production, consumption, prices, trade and prospects of development by categories of meat and by country. Trade in meat between West and East.

001. 01.02 I-5 Le marche des bovins et viande bovine en

001. 02.01A Europe de I'Ouest (The Market for Cattle and Beef in Western Europe C.N.C.E., Paris, 1964, 153 pp., FF. 55.

A comparative study of world and European trade in live cattle and beef. Analyses production, consumption, exports and imports and the prospects for marketing beef. Attempts to classify kinds of beef. Tables and statistics.

Analytical Bibliography: Market Surveys by Products and Countries, International Trade Centre, UNCTAD/GATT, Geneva 1969.

Part Two Market Surveys by Countries

LATIN AMERICA

II-25 *LAFTA-Key to Latin America's 200 Million Consumers*
Research Report 66-2,
Business International,
New York, 1966, 67 pp., $ 5.
An analysis of the structure and working of the Latin-American Free Trade Association. Contains general economic and commercial information, lists of products enjoying reduced tariff rates, regulations governing frontier trade, and information on transport and trade practices.

II-26 *A Guide to Trading Conditions and Establishing a Business in Latin America: I-Argentina, Brazil, Mexico*
These Are Your Markets Series, Westminster Bank Ltd.,
London, 1964, 116 pp., gratis.
One of a series of economic studies covering various countries. Gives general information and studies production, consumption, foreign trade, regulations and prospects for investment in the different countries.

II-27 *A Guide to Trading Conditions and Establishing a Business in Latin America: II-Chile, Colombia, Peru, Venezuela*
These Are Your Markets Series, Westminster Bank Ltd.,
London, 1964, 116 pp., gratis.
Cf. No. II-26.

II-28 *De Latijnsamerikaanse Markten*
(The Latin-American Markets)
Economische Voorlichtingsdienst, 's Gravenhage, 1967, 88 pp.
Cf. No. II-18

ASIA

II–29 *Potential Markets in Africa and Asia for Selected Uruguayan Exports*
International Trade Centre-GATT,
Geneva, 1966, 436 pp., $5.00, Fr. 21.
Cf. No. I–55.

II–30 *Weltwirtschaft am Jahreswechsel 1966/67 Band 3: Asien*
(The World Economy at the Dawn of 1967. Vol. 3: Asia)
Bundesstelle fur Aussenhandelsinformation, Cologne, 1967, 397 pp.
Covers most of the countries of Asia, giving brief indications as to their economic situation and structure, investments, production and foreign trade, with special reference to trade with the Federal Republic of Germany.

EUROPE

II–31 *Belgium-Luxembourg Economic Union*
O.E.C.D., Paris, 1967, 42 pp., FF. 3, $0.80.
One of a series of studies on the economic situation of the Member States of the O.E.C.D. It analyzes the statistical data (countries, production, consumption, trade, etc,) and thus provides detailed information on the present situation in the country and its prospects of development. Diagrams, tables, statistics.

II–32 *The New Europe and its Economic Future*
By Arnold B. Barach, A Twentieth Century Fund Survey, The Macmillan Company, New York, 1964, 148 pp., $1.95.
Statistics of the economic and demographic situation, consumption, producers' goods and raw materials. Comparisons with the United States. Forecasts for 1975.

附件三 世界產業及貿易同業公會名錄（樣張）

PART 1 INDUSTRY AND TRADE ASSOCIATIONS CLASSIFIED BY PRODUCT INTEREST AGCORDING TO SITC

SITC BTN *SECTION O: FOOD AND LIVE ANIMALS*

0 Food Manufacturers Association of Australia, c/o Chamber of Manufacturers, 12 O'Connell Street, Sydney, N.S.W., AUSTRALIA

Bundesgremium des Kleinhandels mit Lebens-und Genussmitteln, Bauernmarkt 13, 1011 Vienna, AUSTRIA (Federal Board of the Foodstuffs and Delicacies Retail Trade)

Bundesgremium des Lebensmittel-und Genussmittelgrosshandels, Bauernmarkt 13, 1011 Vienna, AUSTRIA (Federal Board of the Foodstuffs and Delicacies Wholesale Trade)

Fachverband der Nahrungs-und Genussmittelindustrie Osterreichs, Zaunergasse 1-3, Postfach 4a, 1037 Vienna, AUSTRIA (Professional Association of the Austrian Foodstuffs and Delicacies Industry)

Chambre syndicale des fabricants de specialites alimentaires, 55, rue de la Loi, Brussels 4, BELGIUM (Chamber of Food Specialities Manufacturers)

Federation des industries agricoles et alimentaires, 55; rue de la Loi, Brussels 4, BELGIUM (Federation of Agricultural and Foodstuffs Industries)

Federation nationale des distributeurs et grossistes

en alimentation, 60, rue Saint-Bernard, Brussels 6, BELGIUM (National Federation of Food Wholesalers and Distributors)

Groupement intersyndical de la distribution des denrees coloniales et alimentaires, 60, rue Saint-Bernard, Brussels 6, BELGIUM (International Union Group for the Distribution of Grocery and Food Products)

Agricultural Institute of Canada, Suite 907, 151 Slater Street, Ottawa 4, Ontario, CANADA

Canadian Federation of Agriculture, 111 Sparks Street, Ottawa 4, Ontario, CANADA

Canadian Food Processors Association, 108 Sparks Street, Ottawa 4, Ontario, CANADA

Food Brokers' Association of Canada, 797 Don Mills Road, Don Mills, Ontario, CANADA

Food Brokers Association of Canada, 159 Bay Street, Toronto 1A, Ontario, CANADA

Coconut and General Products Exporters' Associa-
0 tion, c/o The Ceylonese
051.71 08.01 Chamber of Commerce,
P.O. Box 274 Colombo, CEYLON

0 Instituto de la Teconologia de Alimentos de la Universidad de Chile, Quinta Normal, Santiago de Chile, CHILE (Institute of Food Technology of the University of Chile)

World Directory of Industry and Trade Associations, International Trade Centre, UNCTAD/GATT, Geneva 1970

PART 2　GENERAL ASSOCIATIONS LISTED IN ALPHABETICAL ORDER OF COUNTRIES

ARGENTINA Camara Argentina de Exportadores, Avenida de Mayo 633, Buenos Aires (Argentine Chamber of Exporters)

Union Industrial Argentina, Avenida de Mayo 1157, Buenos Aires (Industrial Union of Argentine)

AUSTRALIA Associated Chambers of Manufacturers of Australia, Box 14, G.P.O., Canberra

Australian British Trade Association, 138 Flinders Street, Melbourne, Victoria

Australian Industries Development Association, 406 Lonsdale Street, Melbourne, Victoria

Australian Institute of Export, 60 Market Street, Melbourne, Victoria

Australian Institute of Exports, 60 Market Street, Sydney, New South Wales

Australian Productivity Council, 372 Albert Street, Melbourne, Victoria

Australian Retailers Association, 139–142 Flinders Street, Melbourne, Victoria

Combined Exporters' Council, c/o Chamber of Commerce, 60 Market Street, Melbourne, Victoria

Made-in-Australia Council, c/o Chamber of Manufacturers, 370 St. Kilda Road, Mslbourne, Victoria

BELGIUM Association belge d'expansion et de cooperation, 4, Galerie Ravenstein, Brussels (Belgian Association of Promotion and Cooperation)

Association commerciale internationale ACI, 28,rue du Fosse aux Loups, Brussels 1 (International Trade Association)

Belgian Association of Exporters and Importers, Israelieteustraat 7, Antwerp

Centre international du commerce de gros CICG, 26, avenue Livingstone, Brussels 4 (International Wholesalers Centre)

Council of European Commercial Federations, 3, avenue Gribaumont, Brussels

European Centre of Retail Trade, 3, avenue Gribaumont, Brussels

第七章

國際行銷之產品策略及政策

產品或勞務，乃任何企業生存及經營之基礎。原則上，一企業對於其產品及產品策略之規劃，應配合某一特定市場顧客的需要。但是在國際市場上，由於這廠商可能已有供銷國內市場的產品存在，他所面臨的抉擇問題是：是否應調整或變更已有的產品或產品線，以適應特定市場的特殊情況？如果需要，應如何調整或變更？如果他所考慮的國外市場只限於一處，這情況還稱簡單；設如其國外市場係屬一個以上，則對於上述問題的解答，還要考慮各市場之間的配合情況，變爲複雜得多。

爲資協助讀者解決這類問題，本章中，將先說明產品的意義，產品策略的主要類型，進而討論從事選擇所應考慮的基本因素。

第一節　產品的意義

什麼叫做一種「產品」？

這一問題，乍視之，似乎是不成問題的問題。可是實際上，廠商提供市場之產品，常不受市場歡迎，其原因即在於對於「產品」的意義，未有正確的觀念。以至於本身認爲良好產品者，顧客未必認爲良好；而顧客認爲重要者，却未包括於所提供之「產品」之內。

研究這一問題——什麼是「產品」——應站在顧客或使用者立場，探究他爲什麼購用這一產品。實在言之，他所需要者，並非產品本身，而是這種產品所具滿足欲望的效用。由於顧客的欲望，可能是生理性的，也可能是心理性或社會性的；產品所具有的效用也可能是生理、心理、或社會性的。而且這種不同性質的欲望往往同時存在，因而所提供的產品也需要同時具有這些不同性質的效用。譬如：化粧品所滿足的，除了它所聲稱「滋潤皮膚」之類需要外，還帶給了使用者一種「希望」；而牙膏的功效，除了潔齒、防蛀外，還有使人赢得社會的「好感」。

因此，我們心目中的產品，不可認爲只是一些原料、零件的組合，而應着眼於它所能滿足的需要。在國際市場上，由於社會文化以及經濟背景之差異，相同的基本需要，未必能藉由相同產品予以滿足；而即使可提供相同產品，但其在效用之意義上，並可能極爲不同。前者如交通工具之需要，可藉由步行、脚踏車、機車、汽車以滿足之；後者如收音機，其在非洲部落中和美國都市家庭中的意義亦大爲不同。

哈佛大學教授黎維特氏 (Theodore Levitt) 曾斥一種狹隘的產品觀念爲「行銷近視病」，此即將產品視爲一種一成不變的物體，而非一種具有滿足人類基本需要的效用。譬如美國好萊塢電影事業，多年來和電視事業進行一場艱辛的掙扎，即因前者將其產品局限於可供電影院放映之影片，而非滿足大家娛樂需要之效用。又如美國鐵路公司，亦將其產品狹窄地界說爲「鐵路運輸」，而非提供一種較廣泛之「運輸服務」。再如美國石油業者，將其經營範圍劃定爲原油及其製品，而非解決顧客對於「能量」的需要問題。從長期發展的觀點看，一種具體實在的產品，如電影片、鐵路、原油及其製品，總有其遭受淘汰的一天。而人類對於「娛樂」「運輸服務」或「能量」的需要，却永無止境。故如一企業將其產品建立在後一基礎上，則其發展應該是沒有限量的（註1）。

因此，一企業欲從事國際產品規劃時，應先瞭解，所欲滿足的基本需要的性質。同時，其所提供的產品，亦不限於其實體——物理或化學方面——性質，尙應考慮其滿足心理或社會需要之能力。前者屬於產品之技術性設計問題，可透過工程技術及製造方法，以達成一定水準或要求；後者則屬於「產品印象」或「地位象徵」問題，則非出之於工廠之製造，而有賴對於有關產品所有各方面特色之規劃。較直接者，如產品品牌、商標、包裝、標籤等；較間接者，尙涉及該產品之服服、保證、以及價格、經銷商店、廣告訴求、使用媒體各方面。

在這廣義的「產品」觀念下，兩架電視機、兩瓶頭痛藥、或兩件成衣，卽使其構造、成份或質料完全相同，但由於「產品印象」的不同，卽屬於不同的產品。再進一步，卽使同一品牌的產品，由於經銷商店、付款方式等方面的差異，也可視爲不同的產品。主要論點，卽因此等產品所提供消費者滿足需要之效用不同。

理想產品 (ideal product)

自一總體市場觀點，由於所具有之共同性質和背景，對於一種產品的需要情況，一般較爲接近；因此才能稱說，某種產品較適合甲市場，而不適合乙市場。所謂「理想產品」的觀念，卽指最爲適合某一市場之產品。依此觀念，脫離一具體市場，應無「理想產品」可言。

一廠商應認識在於其特定國外市場之理想產品，具有何種特性，然後將本身之產品和這理想產品比較，發現有何差異。譬如早年歐洲汽車未能獲得美國市場之普遍接受，卽因未能認識，在美國，理想之汽車產品必須包括有良好之服務在內。反之，過去美國冰箱未能在西

註1　Theodore Levitt, "Marketing Myopia," *Harvard Business Review* (July-Aug. 1960), pp 45-56.

歐市場暢銷，也因美國製之大號氷箱，並非西歐家庭心目中之理想產品。又如一種爲熱水洗滌而設計之肥皂，在於使用溫水或冷水之市場，並非一理想產品。一廠商瞭解本身產品與理想產品之差異，乃是一良好國際行銷策略之必要條件（註2）。

第二節　產品策略之基本類型

假定一廠商產品所供應之市場，超過一個，則他的產品策略有待客觀與謹愼之選擇。一方面，他可能以相同產品供應所有市場，另一方面，他可能配合每一市場之特殊情況，供應不同的產品。在這兩個極端策略之間，尙有其他策略可供考慮。現分述如下（註3）：

第一　相同產品提供相同效用，供應所有市場　這是一種最簡單的策略，如應用得當，也是一種最有利可圖的策略。典型的例子是美國的可口可樂，在全世界幾乎都保持相同的品質水準。這種策略的優點，主要包括以下各點：（1）可獲得較高的生產經濟，使成本降低；（2）可獲得較高之硏究發展投資報酬；（3）可發揮較高之行銷效率，諸如推銷人員訓練、產品設計、產品資料等，皆可普遍應用；（4）可配合顧客之旅行或遷居，因爲不管他到那一地區，都可找到相同的產品；（5）可調劑各不同市場間產品之供需。

除此之外，有時，一種產品行銷各國市場，不宜加以變更，乃因這種產品具有强烈之地區或國家色彩，例如法國香水、葡萄酒、丹麥傢俱、啤酒之類。若經改變，反而不受市場歡迎。

不過，這種產品策略，並非無往而不利，也不能適用於所有產

註2　John D Macomber, "Entering A Foreign Market Key Factors for Success, "*Indiana Readings in Business*, 38 (1962), The Foundation for Economic and Business Studies, pp. 33-39.

註3　Montrose Sommers & Jerome Kernan, "Why Product Flourish Her e Fizzle There" *Columbia Journal of World Business*, Vol. Ⅱ, No.2 (March-April 1967), pp.89-97.

品。例如美國肯波公司 (Campbell Co.) 出品之番茄湯，即不受英國家庭主婦之歡迎，因嫌其帶有苦味。同樣還有在美國銷售極其成功的配成糕料 (cake mix)，也不適合英國消費者。

第二　相同產品,但其用途隨市場而異　在這種策略下,以相同產品供應不同的市場,但爲適應不同之市場情況,乃在廣告訴求、使用說明等方面予以更改。最顯著的事例爲脚踏車，在丹麥、荷蘭等國家，乃屬於一種實用的交通工具。但在美國，却主要供年青人乘騎玩樂之用途。又如轎車，在美國已屬生活必需品，但在許多其他國家，却屬於奢侈品，其行銷方式自亦不同。

事實上，採取這一策略，等於將一種已有產品進行一種轉化 (transformation) 過程，使其成爲不同的產品，不過其成本，常較後面幾種策略爲低。

第三　變更產品，但仍提供相同的功能　所謂變更產品，包括兩種情況:第一種較爲單純,係爲配合國外市場之先天特殊條件。要決定在這市場上銷售，就必須在產品設計上予以配合。例如當地使用電壓是二二〇伏特，則在這市場上所出售的家庭電器，都必須適合這一電壓。又如當地氣候酷熱，出售的產品必須增加特殊包裝或防熱設置。還有屬於這一類的，則如當地通用的度量衡制度，必須遵守等。這類變更，雖可增加產品之產銷成本，但屬無法避免者。

另一種變更，較爲困難與複雜，乃爲配合市場需要本身。一方面，並非一定非加變更不可；但如能予以適當變更，將可增加產品之競爭力量。但另一方面，變更將增加產品成本，其是否可自增加之銷量利益中得到補償而且有餘，亦有疑問。不過，這種問題的困難程度，每隨產品種類而不同。例如變更電器、機械之類資本密集產品，較爲不易；至於食品、清潔劑等日用品，則無多大困難。

採取這種產品策略，即需要在不同市場上採取相同的推銷號召。

例如 Esso 公司，隨各地氣候不同，變更其汽油配方，但在所使用之基本廣告號召上，却一成不變：「在您的油箱中，放進一頭猛虎」(Put A Tiger in Your Tank)。

第四　雙重變更—產品和用途　在這種策略下，不管是對於產品設計、性能、或是作用、印象，都加變更，以配合當地之特殊情況或需要。例如美國出品的賀卡，要打入歐洲市場，不僅要變更其文字和圖案，而且要配合歐洲人士使用賀卡之不同方式或用途。

這種策略所具的風險較大，因爲廠商必須同時改變其生產設備及行銷策略，而其收益之不確定程度較高。有時，廠商爲實施這一策略，乃在當地購進一現有公司，以資減少進入一新市場之風險。

第五　產品創新　最後一種產品策略，爲針對一市場之特殊需要情況，設計一種新產品以滿足之。或者，鑒於公司現有產品之售價過高（或過低），也可能設計一種較低（或較高）級產品，以配合當地之購買能力。

譬如美國一些廠商發現，所供外銷之最新式產品，並不適合某些開發中國家之需要。譬如在某些地區，一最新式之自動洗衣機，還不如一種改良式的手工操作之洗衣設備，來得實用。

以上五種產品發展策略，各有利弊。如何選擇，有賴於管理者考慮產品——市場——公司間之配合。有時，變更產品是無可避免的，例如受氣候、使用或維護條件的影響。有時，需要經過成本與利益分析，以便決定最有利之變更程度。一方面，調整產品成本，使其包括所增加的生產和研究發展成本；另一方面，調整可能收益，使其包括市場地位及銷售量的提高。不過，這種分析也不是一件易事，能夠很方便地得到最佳答案。

第三節　影響產品策略的基本因素

雖然我們不能提出一公式，可資決定一企業之國際產品策略，但下列基本因素，若能予以謹慎考慮，將可協助其尋求一較佳之答案。

(一)產品用途　此卽探究一市場之顧客，所以購用這一特定產品的理由。一般而言，產品有其基本用途與附屬用途之別。前者如食物用以充饑，衣着用於保暖或蔽體，洗衣機用於清潔衣服等之類。不過我們不要以爲，凡具有此等用途需要之地方，都會需要這種產品，因爲滿足相同用途的方法，常不限於一種產品或勞務。隨經濟發展階段的不同，對於交通需要的滿足方式，可以從步行、利用騾馬之類獸力、到騎用脚踏車、機車、以至駕駛汽車。再以清潔衣服之需要言，也可以從利用河畔或湖濱洗濯，以至使用洗衣槽、洗衣機。

而且在一市場之內，也不見得所有人都使用相同的產品或方法，滿足某種基本用途。最明顯者，有人搭乘公共汽車，有人騎機車，而有人乘坐出租汽車或私人汽車。因此爲瞭解一產品在某一特定市場的基本用途，較切實的問題，還不是：「人們是否利用這產品於這用途？」而是：「有那些人利用這產品於這用途？」或「有多少人利用這產品於這用途？」對於後兩個問題的答案，不僅可供廠商決定這一市場的需要潛量，還可供決定行銷策略之參考。例如美國冰箱製造者供應墨西哥市場之冰箱，受需要量之限制，不足以支持經濟生產量，只能以美式大型氷箱供應當地少數富有之家庭。但對於小型冰箱之需要仍然存在，故一俟歐洲市場生產小型冰箱工廠，能供應零配件後，遂在墨西哥裝配生產。

一般而言，產品之用途不同，受經濟發展水準之影響最大。再以冰箱爲例，在美國，一般家庭主婦使用冰箱於四種用途：(1)儲存一週以上之食物，(2) 防止某些易腐食物之敗壞，如牛奶、蔬菜、肉類等，(3) 存放某些實際上不需冷藏之物品，及 (4) 放置可備立即飲用之冷飲。由於用途數目較多，所以需要大型冰箱，同時以美國家庭之所得能力，也足能負擔這種冰箱。

但在歐洲，一般主婦仍有逐日上菜場之習慣，因此需要存儲的食物不多。同時在歐洲，冷凍食品尙未普遍，加上一般購買力不如美國之高，冰箱的主要之用途是：(1) 保持每日購買之易腐食物之新鮮程度，及 (2) 放置每日殘餘食物及其他物品。因此，小型冰箱即已數用。當然，這和歐洲文化背景、社會習俗不同也有密切關係 (註4)。

甚多產品，除所具基本用途外，還附帶有其他用途。例如，收音機、彩色電視機或汽車之類產品，除基本用途外，還可供擺設或表現身份地位之作用。一產品可能在兩個市場上具有相同的基本用途，但所產生的附屬用途，却可能逈異，例如收音機在於美國市場或非洲新興國家之市場上，所具有之附屬用途便極不同。因此，對於一特定市場言，我們必須要問：「這種產品是否具有什麼附屬用途？」這一答案，對於廠商選擇其產品策略也有密切關係。例如前節所稱「相同產品——不同用途」策略，即需配合這一情況。

一項產品所具有的附屬用途爲何，和一市場之文化因素及價值觀念有關。以產品做爲地位象徵言，依學者研究，表現有三種基本模式 (註5)：

第一　純粹代表經濟地位，和經濟水準有關　例如在低所得國家，可能是具有高度效用的脚踏車或縫級機，也可能是供享樂用之收音機或電唱機之類；在中等所得國家，往往是冰箱、汽車之類；在高所得國家，則是彩色電視及空氣調節器之類。

註4　John Fayerweather, *op. cit.*, pp. 51-53。

註5　*ibid.*, pp. 53-55。

第二、地位性產品和模仿心理有關　譬如在有些地區，人們以模仿西式或現代化生活爲榮，而不顧其實用價值爲何。據研究，非洲土人模仿歐洲人的心理極爲强烈，如特意爲他們設計產品包裝，除非他們獲知，這產品已獲歐人購用，將不會購用。

第三、地位象徵。表現於若干較爲傳統和保守民族，他們較能以知識、藝術等方面之成就，衡量一人的身份地位　與美國人相較，瑞士和英國人卽具有這種傾向。

這些不同的地位觀念，對於產品設計具有相當影響作用。例如在美國，多年來，以汽車年代和型式做爲社會中之主要地位標誌，使得汽車在體積和裝飾的設計上，遠超過其基本用途的需要。反之，在歐洲，汽車本身便代表一種地位標誌，而不在乎車型和考究程度，同時由於歐人較爲保守，崇尚節儉，所以汽車設計都較爲簡單實用。再就南美人士而言，以他們經濟水準言，應該是實用型汽車的市場，可是由於美式轎車乃屬地位象徵，所以反以大型汽車較受歡迎。

（二）品質要求　怎樣的產品品質，將受市場歡迎？一般總以爲品質愈好，將愈受歡迎。實際上，這一點也不能一概而論。這和顧客之期望水準有關。假如一非洲消費者，只要能買得起一架起碼的收音機，便很心滿意足了。可是，在美國，消費者一直在抱怨，產品品質太差。當然，這又和市場之所得水準有關。

什麼代表良好的品質，本身就不是一個確定的觀念。譬如美國婦女所期望於衣着的，往往是新穎的式樣；對於是否耐穿，並不重視。反之，在低所得國家，對於品質的瞭解，却恰恰相反。而且，這種不同的品質觀念，亦隨一國內經濟或社會階層而不同。種種昂貴美國產品之所以仍能在一些貧窮國家中銷售，卽因這些國家中仍不乏少數富豪門第，所重視的爲式樣或設計之類性質。

人們對於來自不同國家或地區之產品，常對於其品質，抱有先入爲主之成見。例如根據一項調查，遠東七大都市居民分別對於各國產品的印象，其評等如下(註6)：

(1) 品質良好

	東京	馬尼剌	星加坡	曼谷	香港	臺北	漢城
最佳	德國	美國	德國	德國	英國	美國	美國
次佳	瑞士	德國	美國	美國	美國	德國	德國
第三	美國	瑞士	英國	瑞士	德國	意大利	瑞士

(2) 設計良好

	東京	馬尼剌	星加坡	曼谷	香港	臺北	漢城
最佳	法國	美國	瑞士	日本	意大利	日本	日本
次佳	美國	日本	日本	美國	德國	美國	法國
第三	意大利	德國	美國	德國	美國	瑞士	美國

就上摘兩項目而言，在一般人心目中，德美產品不僅品質良好，設計亦佳。日本產品之設計甚爲突出。在這情況下，企業決定所提供產品的品質，必須考慮其產品印象。例如美國貨是否應遷就市場，供應下等貨色，甚值得懷疑。反之，戰後日本企業企圖改變其在美國市場上屬於廉價品之印象，經十餘年之努力，已獲得相當成功。

(三) 使用動力 人類所使用之動力來源，包括人力、獸力、水力、風力、電力等。使用電力的多少，每可代表一國現代化的程度。因此供應需利用動力之產品，必須配合當地之動力使用狀況，以決定所適宜的產品設計。

隨一國家現代化之趨勢，各國採用不同動力之產品之先後順序亦有不同。其決定因素主要有以下各項：

(1) 相對成本 因改變動力來源所增加的成本費用，是否可被其效益所抵銷。以節省人力之機器設備言，所代替者爲人力，因此勞工成本高低，對於這種設備的利用，具有直接影響。普遍僕傭待遇之提高，即有助於這種趨勢。

註6 *New Far East Survey*, Reader Digest, 1966.

(2) **負擔能力**　因購用電動設備所增加的投資，有無負擔能力。這在工業設備方面特別重要，例如堆高機、推土機等。

(3) **用途重要性**　凡愈重要的產品，所使用之動力可能愈進步。譬如以縫紉機和果汁機相較，由於前者較爲常用和重要，即可能先改爲電動，而後者仍舊用手操作。

(4) **文化影響**　如果一個文化，崇尚勤勞節儉，比較不容易接受以電力代替人力的產品。反之，則歡迎任何節省人力的器械。前者如我國和北歐諸國，後者則爲美國。所以在美國，刷牙、擦鞋都採用自動化器具代替人工。

(四) 技術能力和維護能力　使用產品，往往需要有特殊技巧，尤其是工業設備之操作，有賴受有訓練之技術工人。因此提供產品，亦應考慮當地使用者之教育水準和技術能力。否則，廠商需要利用教育性推銷或訓練，以提高其技術水準。

維護工作，對於耐久性產品而言，乃是極重要的條件。不過學者以爲，維護能力和前述技術能力不同，它代表一種有恒、負責和認眞的工作態度，這和一社會的文化傳統、教養方式、及群體心理有關，不是短期訓練所能奏效的。

在這方面，各民族間相差頗爲懸殊。一般認爲，日本和德國代表一極端，南美及非洲代表另一極端。因此銷售設備給這些地區，應能考慮當地人民的維護能力。例如美國農業機械公司發現，所製造的一種噴灑農藥機械，性能非常優越，但竟不受非洲農民歡迎；反之，一種法國式舊式機械却大行其道。問題乃在於，前者需要經常添加潤滑油和從事維護工作，而後者則可不必。

由於一產品所需要的維護，是一定的。在於維護能力較低之處，廠商可考慮加强服務機構和方法，以資彌補。

第四節　產品線政策

通常，凡供相近用途或具有類似特徵的產品，統稱爲一產品線(product line)。習慣上，什麼是一產品線的範圍，並都沒一定的說法。例如衣着類稱是一產品線；但男裝或女裝亦可視爲兩種產品線，乃依使用之場合而定。

一廠商在國際市場上，一如國內市場，需要考慮有關產品線政策問題。此即在一市場，其產品應包括多少種產品線——產品組合廣度(breadth)——問題，以及各產品線中，各應包括多少項目——產品線深度 (depth) ——問題。

決定適當之產品線政策，涉及各方面之考慮。首先，應考慮目標市場之結構及其他性質。例如潛在顧客在於所得、性別、社會階層、或行業等別之構成，顧客對於產品種類或品質等級之選擇所期望的範圍，還有競爭者之產品線構成情況等。

其次，應考慮產品線所需之通路配合情形。如果所有產品都可透過相同通路銷售，則由於分攤固定成本結果，可獲得分配活動上之規模經濟。反之，如果其中某種產品需要建立一新的分配通路，則廠商應愼重考慮，所增加的投資及分配成本是否值得。有時，廠商要想利用某種通路，乃以其能提供一「完整」之產品線爲前提。在這情況下，遂不得不變更或擴充其產品線。

決定產品線政策，尙應考慮推銷活動的規模經濟性。在一「家族性品牌」(family brand)下，推銷費用之增加並非隨產品項目之增加而比例增加。同時，藉由一已建立聲譽之品牌，廠商可縮短其新產品之上市時間及推銷費用。

在此應注意的是，爲獲得「完整」產品線之種種利益，廠商不必全部由自己生產供應。他可以外銷配合當地生產；也可以在不同市場分別生產，然後加以組合，以供應市場需要。如果發現其他公司之產品和本身產品具有輔助性質，亦可設法將其包括於其產品線內，供應某一市場。在美國，這一辦法被稱爲「聯合公司辦法」(allied company arrangement)，對於規模較小的公司，如運用得當，至爲有利。

第八章

國際行銷之分配通路

隨着市場範圍之擴大，在絕大多數情況下，廠商所生產的產品必須經由種種中間機構，送達消費或使用者之購用地點。這些中間機構，一般多屬於獨立機構，其利害關係並不完全和廠商一致；同時，不同中間商所擔負功能亦可能有顯著差別，所要求之分配成本亦隨之而異。所以一廠商在市場上所擔負之分配功能、風險以及利潤，每隨所利用之分配通路而異。這在國內市場中係如此，而在國際市場上，由於所需要之分配功能更形複雜，中間機構類型更形紛歧，分配成本所佔成本比例較大等原因，使得有關分配通路之選擇也更爲重要。

第一節　分配通路在行銷組合中之地位

由於各國所發展的通路結構相差甚大，一廠商所能利用之通路遂受此種結構之限制，雖然廠商亦可能發展或建立其期望的通路，但此需要大量投資及較長時間，並非一般企業所能負擔或願意採取。在這種限制下，一國之分配結構乃構成廠商選擇其行銷策略時之外在不可控制之環境因素。

自較直接意義上講，分配通路乃廠商行銷組合中所不可缺少之要素；缺乏通路，再好的產品亦難以有效供應顧客的需要。但如做更深一層考慮，規劃一行銷組合策略時，如未包括通路因素在內，根本就是不可能的事：

(1) 以產品及產品線策略言：一產品之印象如何，與所採用之經銷商店有密切關係；所採產品服務及保證政策，必須配合經銷商店條件；產品包裝及標籤，也要適合通路機構類型及陳列狀況。有時，一廠商調整其產品線，即爲配合中間商之願望或意見。

(2) 以定價策略言，也要配合中間商所提供的功能，然後決定所給予之商業折扣；根據經銷商店之經營方式（高級商店或折扣商店之類），訂定最後售價；又如所採實體分配途徑，更直接影響產品之成本，亦應包括在定價考慮之內。

(3) 以推銷而言，由於中間商所能擔任之推銷功能，也是廠商整個推銷策略之一部份——而且是不可或缺的部份——所以廠商訂定其推銷計劃，必須考慮中間商的推銷能力及成本。譬如在「推」的推銷策略下，主要係依賴中間商向最後顧客推銷。

(4) 以行銷情報言，有關產品市場銷售、顧客反應、以及競爭狀況之情報，廠商常視中間商爲一重要情報來源。究竟所利用之中間商所能負擔此一功能之程度如何，亦爲廠商設計其情報系統及行銷研究功能時所必須考慮的因素。

整體通路觀念與「通路指揮者」

多年來，經營企業者對於其通路的考慮，多僅局限於其直接顧客，而對於後者將產品再行銷轉售給那些顧客或用戶，則認爲與自己無關；尤其在於外銷活動上，由於產品乃銷往外國市場，一般除了對於直接顧客（如出口商或國外進口商）外，瞭解更少，更容易認爲，其通路僅到這些直接顧客爲止。實際上，這是極有問題的觀念（註1）：

第一、自滿足最後市場需要的觀點言，僅僅依賴廠商或部份中間商所提供的功能，是不完整的。例如產品運送、儲存、推銷、信用、

註1　Franklin R. Root, *Strategic Planning for Export Marketing*, 2nd, ed. (Scranton, Pa., International Textbook Co., 1966), p.77.

服務、銷售等功能，可以由任何一機構或部份機構擔負，或做各種方式之分工，必須採整體考慮，方能發展出最有效之策略，以擔負此等功能(註2)。

第二、基於同樣觀點，一廠商所提供的產品能否有效送達最後市場，取決於所經過之各層中間機構之效能。如果某層中間機構過份軟弱或無能，則其他機構不管如何努力，亦難彌補此層之缺陷。一般所謂，通路之效能乃取決於其中最弱之一環，卽係此意。因此，爲加强整個分配過程之效能，非採整體觀點不可。

第三、由於多數中間機構皆爲獨立之企業，其利害關係並不和廠商一致，故有時所採行爲係基於本身利益，而妨碍整個通路之效能。在這種情況下，廠商必須將此等中間機構之利害考慮在內：一方面，儘量擴大共同利害，使中間機構之努力方向能夠一致化；另一方面，如有衝突，亦可早爲準備，俾可保護本身利益。

這種將自生產者以至最消費或使用者所用者所經歷的過程視爲一完整單位的觀念，實係「行銷觀念」(the marketing cencept) 與「系統觀念」(the system concept) 之應用，學者有稱之爲「整體通路觀念」(the whole channel concept) 者，本章說明國際分配通路，卽係基於此一觀點。

問題在於，誰來擔負這整個通路的規劃和控制功能？廠商或中間商？如係中間商，那一層中間商？

對於這一問題，並沒有標準化答案；這一「通路指揮者」(channel captain) 之地位，乃基於一種領導作用和市場力量而產生(註3)。在國內市場上，此一地位多數由廠商擔任。此卽由廠商設定產品價

註2　E. Jerome McCarthy, *Basic Marketing; A Managerial Approach*, 4th ed. (Homewood, I11.: Richard D. Irwin, 1971), pp. 387-388.

註3　*ibid.*, p. 389

格，推銷策略，並選擇適當之通路；然後，由中間機構考慮，他們是否願意擔任廠商所規劃之分配任務。在國際市場上，同樣亦有廠商擔負此種「通路指揮者」之角色：控制其產品之國外分配過程與分配方式。

但是，亦有大規模或積極的中間商，在國際市場中，規劃及控制產品之分配，而廠商只處於從屬的地位。例如在我國外銷業務上，即可發現有此情況。因爲我國若干外銷事業和外國貿易商社的關係，等於是一個個齒輪和中樞的關係。「各個別齒輪的運行，皆在這中樞之策劃與控制下，爲謀取其最大利益而努力……。一旦此一中樞機構停止運轉，則所從屬之齒輪皆難免有解體的危險（註4）。」不過在此所謂的齒輪，除廠商外，還包括有運輸、銀行、保險、包裝、批發等等機構在內。

並非所有通路中，皆有這一「通路指揮者」之存在；這是「整體通路觀念」下的產物。由於本章係基於廠商立場而討論者，故係假定由廠商擔負此一通路指揮者之任務。

第二節　分配中間機構及通路基本類型

在上述「整體通路觀念下」，所謂「行銷通路」，係包括廠商及最後消費者或使用者在內。不過由於這兩者在廠商考慮通路決策時，已屬已知因素，故考慮與選擇之對象主要爲介於其間之中間機構。

一種產品從生產者到達最後市場，必須包括兩種流程：一是「交易流程」(the flow of transactions)，或稱爲「所有權流程」(the flow of ownership)，此由種種中間機構藉由磋商交易，將產品所有權逐

註4　許士軍著「成立大貿易商的幾點基本認識」，經濟日報（民國61年10月10日），見本章附錄。

次轉移，以達到最後消費者或使用者手中。一是「實體流程」(the flow of physical product)，此卽藉由種種儲運及其他服務機構之配合，將產品實體送達最後顧客所指定之地點。前類中間機構所包括各種中間商，屬於「行銷機構」(marketing agencies)；後類機構，如船運、保險、銀行、倉棧、廣告等服務事業，屬於「支援機構」(facilitating agencies)（註5）。

這兩種流程在多數情況下，是平行的；此卽當所有權自甲機構移轉予乙機構時，產品本身也做同樣轉移。不過也有許多例外，因爲有些類型之行銷中間機構，如經紀人之類，並不實際負責或從事產品之實體分配工作。在這兩種流程中，一般以交易流程較受重視，因其包含行銷風險成份，同時亦控制產品之實體流程。但近年來，實體流程亦日受重視。一方面，交易流程之範圍也受實體流程之限制；在於產品無法運達交貨之處或時間，交易亦無法完成。另一方面，不同之實體流程，代表不同的成本，由於在國際行銷中此種成本所佔總成本中地位之重要，一項交易是否能達成，常視其能否選擇適當實體流程而定。

尤其値得注意的是，近年對於實體流程，也採用系統觀念：不再分別考慮運輸、存貨、或任何其他項目，而是將生產地點、運輸、搬運、存貨、定單處理等等，視爲一完整之「後勤系統」(logistical system)，而和其他行銷手段一樣，藉以達成公司之策略性目標，如減低分配成本，對抗競爭，穩定價格等（註6）。

如前所述，一國際行銷者所利用之分配通路，首先受到現有分配結構之限制；但在現有之分配結構中，由於各種中間商所提供之功能以及所要求之成本也有極大不同，使得他的決策深受市場、產品以及公

註5 Franklin R. Root, *op. cit.*, pp. 72-73

註6 William J. Stanton, *op. cit.*, pp, 382-385.

司本身政策和策略的影響。但一般而言，他所考慮的方案有如（圖8-1）所示（註 7）：

圖 8-1 國際分配通路基本結構

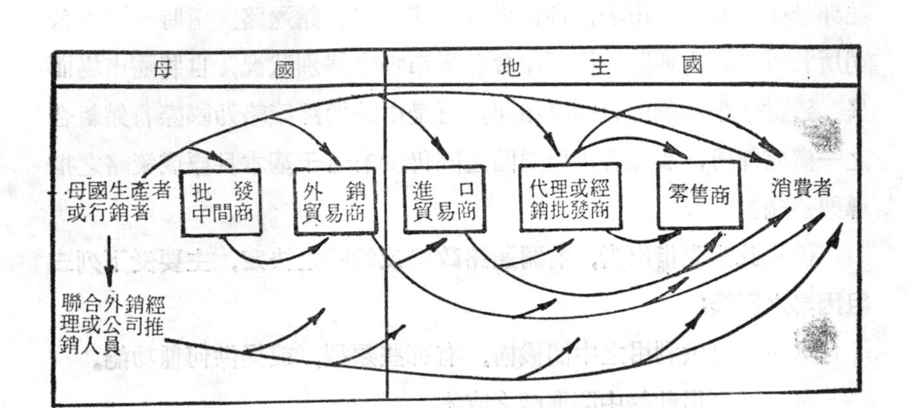

在上圖中，最直接的通路，爲由生產者或行銷者直接將產品銷供國外消費者，不過這種情況甚爲少見；而最長的通路，可能經歷上圖中所有各中間機構而到達消費者。在這兩極端間，存在有無數之組合方式，上圖所顯示者，不過其中若干基本型態而已。

不管採取那種通路，只要經由中間行銷機構，後者就可能有兩種類型：一種乃以自己名義購進貨物，然後出售，其差額爲所賺取之毛利，不過他也擔負所隨同發生之各種風險。另一種中間商，則代理產品所有者，以後者名義出售，所賺取者爲佣金或服務費用，但也不負擔貨物風險。在本文中，對於前類中間商稱之爲「經銷商」（merchant middlemen），後類爲「代理商」（agent middlemen）。由於這兩

註 7 Cateora and Hess, *op. cit.*, p. 753

類中間商所提供之功能廻然不同，所以這是具有意義的分類方式，也是本文中討論中間機構所採之分類基礎。

另一分類基礎，則視生產者與消費者是在同一國家市場之內，或分屬不同國家而定。但就國際企業言，即使屬後一情況，但如進口者並非最後消費或使用者，則仍需利用國內之行銷通路。這時一國際公司所利用之國內通路，因須配合各個市場之個別狀況，自將隨市場而異，這點似乎和國內行銷者相同。可是由於通路策略乃國際行銷組合之一構成部份，故在各市場通路之間仍受有若干基本目標或策略之指導與協調。

但在此宜先指出者，有關通路政策或策略之決定，主要受下列三組因素之影響：

第一、可供利用之中間機構，有那些類型，或提供何種功能。

第二、利用此等中間機構之成本。

第三、公司（通路指揮者）對於此等中間機構所能控制之程度。

以下將先就一般各種國際行銷之中間機構類型，予以扼要說明。

第三節　國際行銷中間機構(一)間接外銷

由於本文所討論之通路，係著重於國際間交易所利用者，且係自銷售者之立場，故實際上，即係外銷通路 (export channels)。一般係依廠商之直接顧客或交易對方所在位置，係屬和廠商同在一國內，或進口國內，而將此種通路分爲「間接外銷」(indirect export) 與「直接外銷」(direct export) 兩種類型。現分別說明所涉及之通路機構如次：

間接外銷之中間機構

若干廠商感到本身對於外銷市場瞭解太少，或其能力不足以處理種種外銷手續，或對於某些市場沒有把握，想先行試銷，再決定下一步驟。在這些情況下，都可能採取間接外銷。這時所利用之中間商係位於國內，和廠商具有較密切之關係。不過這些中間商，有的可能取得產品所有權，有的則僅負代理責任，現將其分爲國內經銷商與國內代理商兩類，加以說明。

(一) 國內經銷商 (domestic merchant middlemen)

他們向生產廠商購進貨品，然後銷供海外主顧；對生產者言，等於是賣給國內其他客戶一樣。一般又有以下各種類型:

1. 外銷貿易商 (export merchant)

他們以自己名義向許多廠商購進貨物，然後負責所有外銷功能和工作。他們一般對於國外市場應有相當瞭解，並有可靠之情報來源，所以能夠隨時注意市場變化，在國內市場上尋求最低廉的供應來源，將其外銷，以謀取最大利潤。不過，他們對於供應廠商並無特別義務或忠誠。所經銷之貨品，主要取決於是否對自己有利而定。有的貿易商幾乎是只要是有利可圖之貨品，無不經銷，但多數專做某些貨品(如食品罐頭、汽車零件、或紡織品之類)，或專做某些地區的貿易，以求充分發揮它在這方面的經驗和專長。自廠商立場，利用這種貿易商的好處甚多:

第一、可由其承擔銷售和信用風險，而且可較早獲得貨款，以便利資金週轉。

第二、不必擔負外銷人員和機構的費用，也可大量減少此方面繁瑣之工作負擔。

第三、可以在不必投下大量固定資金的條件下，藉以試探自己產品，在海外市場有無長期銷售可能，較有伸縮彈性。

第四、在於某些遙遠或特殊的市場，依賴對於這地區具有深切瞭解和關係的中間商，是不可避免的。

第五、使廠商可以專心生產工作，有關包裝、運送等工作，只要依照貿易商的意思去做即可。

可是這樣亦同時造成廠商對於這種貿易商的依賴性，使他無法和國外客戶建立直接關係。而且市場推廣之速度較為緩慢，報酬率亦較低。換言之，凡是市場由貿易商所控制的情況下，幾乎都有這些缺點。

2. Export jobber, export speculator, export drop shipper, cable merchant

在此等名稱下之中間商，雖有稍許差別，但一般可加合併討論。他們所共同具有的特性是：其買賣標的、主要為大宗貨物或原料。一般多是居間同時安排買進和賣出，因此儘管以本身名義買賣，但握有所有權之時間極為短暫。而且多半不負產品實體分配之責，而由廠商自行將貨物送達其國外客戶。所以自實體流程言，已接近廠商直接外銷狀況。

3. 國際貿易公司 (trading companies)、**商社、洋行**

這是指在各國從事進出口貿易之公司，尤其在於已開發與開發中國家間，為前者輸出工業製造成品，然後自後者購進原料或農產品。一般規模均頗宏大，分支機構遍佈各國，因此消息靈通，運用靈活；尤其已建立卓著之信用，因此在國際貿易中佔有重要地位。近年來，若干貿易公司並向後結合 (backward integration)，從事各種產品之生產業務；或向前結合 (forward integration)，經營零售商店，使其在於產品分配上擁有更完整之控制力量。

今日世界上主要貿易公司多發源於西歐及日本。西歐的貿易公司在於前此屬於歐洲殖民地間之貿易，居於重要地位。例如今日 Unilever 系統下之 United Africa Co. 在非洲所經營之業務，包括汽車裝配以至零售商店。又如丹麥的 East Asiatic Co., 香港的怡和洋行

(Jardine Matheson) 在泰國和東南亞也都有悠久歷史和廣泛的業務。

近年來最受注意的，還是日本的綜合商社 (Sogo shosha)。此種商社在日本已有近三百年歷史，因此其發展和整個日本經濟、社會與政治具有密切交織的關係。開始時係以配合日本國內分配與生產活動之需要，但今日所從事業務中，多已具有國際性質(註8)。據估計，今日日本商社中積極從事國際貿易者，達三百家之多；他們在日本國外設有二千以上之分支機構，最多的是三井物產 (145處) 和三菱商事 (102處) (註9)。

這種貿易商社在日本本國進出口貿易中佔有極重要地位；以最大十家言——三菱、三井、丸紅飯田、伊藤忠、住友、日商岩井、東棉、兼松江商、安宅產業和日綿實業——在1971年之輸出總額爲41,383億日元，佔日本全部輸出之50.5%；輸入額爲42,557億日元，亦佔全國之60.6%。由此可見，僅僅十家綜合商社就佔了全國貿易額一半以上，其重要可知。

況且，今日日本商社所從事的國際業務，已不限於日本進出口貿易而已。第一、爲保持其原料供應來源和海外市場的安全，近年來紛紛向海外積極投資，地區遍及澳洲、印尼、近東、中東、非洲和加拿大等地區。從原料開採、進口、製造、以迄成品出口，無所不營。第二、並積極從事第三國間的貿易中介，譬如將美國、加拿大生產的小麥輸出到韓國、馬來西亞和菲律賓；又把韓國和中華民國的合板，輸出到美國。第三、其業務內容也從單純的商品，擴大爲綜合性需要之滿足，例如海洋開發、宇宙開發、新都市開發之類(註10)。

註8 Sueyuki Wakasugi, "The Mighty Japanese Trading Companies," *Business Horizons* Vol. 7, No. 4 (Winter 1964), pp. 5-19

註9 「日本大企業之成就與優越性」**企業與經濟**，第10期 (民國61年7月10日出版) pp.14-18。查復生：「日本大貿易商剖視」，**臺灣經濟金融月刊**，第8卷第7期 (民國61年7月出版)，pp.16-20

註10 許士軍：「成立大貿易商的幾點基本認識」見前。

由於此等貿易公司所能提供行銷及支援功能之廣泛與完整，使一般中小企業可藉之將產品銷供國外需要，感到十分方便。但問題在於：此等貿易公司乃居於「通路指揮者」之地位，其決策取捨，主要基於本身之利益，使廠商反而居於從屬地位。再者，所經銷之產品不僅極端廣泛，尤其嚴重者，乃同時經銷具有競爭性之產品，使廠商之產品難以獲得其全力支持和安全感。

4. 其他外銷廠商

有時，有意外銷其產品之廠商，還可利用其他外銷廠商，將其產品隨同外銷（俗稱 piggybacking）。通常此一外銷廠商在國外市場已建立有良好分配系統，如果他感到行銷能力尚未獲得充分利用，可能願意增加其他廠商之產品一併外銷，除可增加收入外，有時還可補充自己產品線的欠缺，增加行銷力量或吸引力。當然，所增加之產品必須不和他原有外銷產品競爭，最好是具有互相輔助性質。

這種安排，可能採經銷，也可能採代理方式。但據稱，目前以前者佔絕大多數；此即向其他外銷廠商購進貨品，以本身名義外銷（註11）。因此，本文乃將這種中介機構，置於經銷商類中。這一外銷方式亦較適合中小型廠商，例如愛爾蘭外銷推廣局（Irish Export Board）即鼓勵資深之外銷廠商和中小型廠商建立合作關係，由前者携帶在其業務範圍內之後者樣品，到國外訪問推廣，甚至代爲成交（註12）。

（二）國內代理商（domestic agent middlemen）

如前所稱，國內代理商之特色爲：不取得產品所有權、收入爲佣金、安排產品銷予國外客戶。一般有下述各主要類型：

1. 外銷佣金商（export commission house）**或採購代理**（buyer for foreign client）

註11 Cateora and Hess, *op. cit.* pp. 769-770

註12 *Getting Started in Export Trade* (Geneva,Switzerland: ITC, UNCTAD/GATT, 1970) pp. 15-24

有些國內貿易商接受國外客戶委託，例如外國百貨公司之類，在本國尋求適當之產品供應來源，這種委託關係，有係根據客戶之個別通知，有係在一定數額下受託經常購買。其所獲得報酬爲一定佣金或固定酬勞，由於係站在買方立場，故報酬亦由國外委託者支付。

自外銷者立場，與外銷佣金商交易，具有種種優點：貨款支付迅速可靠、多數可不必負責產品實體流程。但是這種佣金商係站在買方立場，故一般並非廠商之可靠中間機構。同時，他對廠商係以自己名義購買，使供應者對於眞正顧客一無所知，因此完全處於被動地位。

2. 駐在採購處 (resident buying office)

和上述外銷佣金商相同，亦係代表買方利益。但是它乃屬於外國採購機構之「長期」僱用單位，故此表示外國採購者對於當地供應來源，希望保持密切與繼續不斷的接觸。也因這緣故，如果供應廠商能夠和這駐在採購處建立滿意和良好的關係，當較前一外銷佣金商情況下，易於保持一穩定和繼續的海外業務。

利用駐在採購處之國外客戶，包括外國政府機構、百貨公司、以及其他大規模之公民營機構。所僱用人員可能由本公司派遣，亦可在當地聘僱。

3. 外銷經紀人 (export broker)

在這類別下，也包括各種不同的中間商人。一般特色是：他不負責產品實體流程和資金融通；主要任務爲擔任買賣雙方媒介，促成交易。他可以代表買方，也可以代表賣方，因此他所得佣金，可以來自任何一方，或是雙方。

多數經紀人專門從事某類貨物之交易，一般以大宗貨物爲多，例如穀物、橡膠或纖維之類。因此他對於世界市場上賣買雙方，都極熟悉，而且保持密切的聯繫，這也代表他生存的理由和價值。

也有外銷經紀人並非以貨物爲其專業化之基礎，而是專做某一個或幾個國家間的貿易，由於他們熟悉有關國家一切情況和法令規定，居間協助，對於買賣雙方均可獲得不少方便。例如在美國紐約，即有專門促成美國廠商和東歐以及蘇俄間之貿易者；據稱，一家稱爲 Satra Corp. 的，在一年內之營業額竟超過五千萬美元之多。

4. 聯合外銷經理 (combination export manager, CEM)

這是一種非常值得重視的中間機構，特別適合於中小企業外銷之需要。在實質上，其本身爲一獨立機構或個人，但對國外客戶言，却爲廠商之外銷部門，並使用印有後者名稱及地址之信箋。一聯合外銷經理同時可代表多家外銷廠商，唯其產品必須不是直接競爭者。但爲發展專業能力並增强推廣力量，所代表之各種產品最好能互相配合，構成較完整之產品線。在美國，這些聯合外銷經理所專營產品有食品、汽車零配件、機械工具等。

聯合外銷經理所提供予廠商之服務範圍廣狹不一：有的負責全部外銷活動，包括尋找海外市場，進行推廣、諮商成交、以及處理外銷文件和船運等等；有的只負責部份業務，例如廣告活動即可能由廠商自行辦理。有的聯合外銷經理甚至代爲負責設立國外子公司或授權事宜。但是無論如何，其最主要的功能在於接觸國外顧客以及諮商成交方面。其提供服務的報酬，可能依成交價格之一定比例——如 10 %或 20%——收取佣金，也可包括固定報酬加上成交佣金，依雙方契約訂定。

利用聯合外銷經理的優點，是十分顯然的。首先，廠商可以立即獲得一整套之外銷服務和豐富的外銷經驗，而不必負擔其固定費用——或即使有之，也由幾家廠商共同負擔。其次，如果聯合外銷經理同時代理相關產品，可以增强本身產品的吸引力量。第三、如果相關產品可以合併裝運，還可節省實體分配費用。不過，利用這種中間機構也有其缺點：例如要求之報酬條件太高，使廠商無利可圖；再如代理產品項目過多，結果難免有所疏忽或在推銷上力量過於分散。

但是近年來，國外這種聯合外銷經理的性質已有改變趨勢。由於他們感到對於供應廠商之過份依賴，以及廠商在給予客戶信用方面之保守，使得他們漸漸以自己名義向廠商購貨，然後轉售予國外客戶。這樣一來，使其性質改變爲較近似於外銷貿易商；所不同者，他仍然和若干家非競爭性廠商保持較長期的關係，而且是獨家經銷性質（註13）。

論者認爲，這一趨勢對於發展貿易來說是有利的。由於在這新的關係下，聯合外銷經理較能積極拓展業務，使得許多中小型企業的產品獲得外銷機會。再由於他的業務較爲穩定，資金較爲充裕，可以擴張信用並維持存貨，在國外競爭也更爲靈活與有力。

5. 廠商外銷代理 (manufacturer's export agent, MEA)

在基本性質上，和上述聯合外銷經理頗有幾分相似；提供廠商各種外銷服務。收取佣金。但不同之處亦甚多：首先、外銷代理對外磋商仍用本身名稱，而非廠商名稱。其次，所代理之市場範圍較有限，使一廠商必須利用多家外銷代理，才能涵蓋多個市場。第三、一般純粹只擔任代理業務，而不以自己名義進行買賣。

第四節　國際行銷中間機構　(二)直接外銷

(一) 直接外銷內部組織

根據定義，所謂直接外銷，卽一廠商將其產品直接銷予國外客戶——不問後者爲最後消費或使用者，或仍爲中間機構。因此，採此外銷方式，等於縮短了外銷通路之長度。

由於這一廠商更接近市場一步，原來由國內中間機構所負責之種

註13　*Export Marketing for Smaller Firms*, 2nd ed. (Washington, D.C.: Small Business Administration, 1966), pp. 43-45.

種運輸、通訊、融資、文字問題，現在都必須由他自己設法解決。因此公司本身必須增加部門或人員以負責此等活動。不過開始時，也許只要增設一位外銷經理，再加上一位或少數幾位職員也就夠了，因爲有許多工作可以利用外界服務機構來做，例如貨運服務公司 (freight forwarder) 之類。

有時，一公司可能由同一銷售經理，負責內外銷任務，其下易設一專人專負外銷業務。另由儲運部經理負責國外貨品運送，信用部經理負責外銷信用，財務部經理負責外銷資金調度。各部門中人員都訓練以擔任內外銷兩方面定單之處理工作。在這情況下，只有直接爲外銷支付的費用，才歸到外銷科目上。

這種安排較爲簡單、經濟，而且實施效果也很不錯。尤其當一公司外銷業務主要集中於一兩個地區，所須處理的文件不太複雜，信用與運輸也沒有多大問題時爲然。不過，當國內市場需要量較大，而國外市場需要量小時，却可能引起利害衝突，而犧牲了外銷方面的業務。爲了解決這一問題，可在公司內部成立一委員會，以擬訂外銷政策和協調外銷業務。不過要使這委員會能眞正發揮作用，它應包括公司總經理、銷售經理、外銷主管、財務經理以及生產與廣告經理；使外銷問題可獲得迅速之決策與處理。

隨著外銷業務擴張，公司可能專設一外銷部門，由一副總經理或經理綜理外銷方面業務——但生產功能可能除外，例如尋求市場，選擇國外代理商並保持經常聯繫，訓練公司人員有關外銷程序和工作，派出人員至海外訪問推廣等等。凡是和外銷有關的直接費用，都列入這一部門項下。

在規模極大的公司，或其外銷業務超過國內業務的公司，可能達到一地步，值得另行分設一公司，負責外銷業務。一般情況是，由這一子公司向母公司購進產品，而後者出售給此子公司，一如售給國內其他客戶一樣(註14)。但由於母子公司之關係，此種交易將發生「移轉定價」(transfer pricing) 問題。這種外銷子公司，在許多方面，和公司內部外銷部門組織十分相似；不過外銷子公司在經營上較爲靈活，權責較完整，而且還可能獲得租稅上之好處(註15)。

(一) 直接外銷之中間機構

至於所利用之國外中間機構，則可大致區分爲：公司分支機構、國外經銷商與國外代理商三類，現分別說明於次：

1. 公司國外分支機構 (Overseas sales branch or subsidiary)

在這種安排下，公司和市場的距離更縮短一大步，而且在國界兩端都在公司控制之下，在於推銷、定價、存貨、情報搜集等方面，可得到更有利的配合。不過採取此種組織，一般須有較大之銷售量方能支持；但究竟最低規模如何不能一概而論，而和經銷產品性質有關。以工業品言，可能只需要少數一二位人員，即可有效達成任務，而在於食品類，則可能需要較多人手。

一般而言，公司本身所設立國外分支單位，有以下各種形式：

(1) 海外營業處 (overseas sales branch)

當某一地區之市場需要量達到某一水準時，公司爲求得對該地區分配更密切之控制，遂成立營業處所；即使原已利用當地進口商或批發商，仍舊可能感到有此必要。

設立當地營業處的好處，主要在於提供顧客服務和推廣工作方面。因爲利用附設的倉儲設備，公司可維持適當存貨，以及維護所需之零配件；亦可設置當地服務中心，或產品陳列室之類。

有時，廠商爲求更積極之推銷效果，在當地甚至設立零售商店，例如美國某些農業機械、縫紉機、攝影機廠商，在某些市場，即採取

註14 *Getting Started in Export Trade*, *op. cit.*, pp. 15-24

註15 Miracle and Albaum, *op. cit.*, pp. 341-342.

此種辦法。在這情況下，自然更有設立營業處之必要。

(2) **海外行銷子公司** (overseas marketing subsididiary)

這種分支機構所具有的獨立地位，相同於前述之國內外銷子公司；唯所負責任可能還要廣泛：由進口與分配業務發展爲授權、融資、甚至裝配、製造等方面。不過在此所討論者，仍以行銷功能爲限(註16)。

行銷子公司所擔負的功能，大致和上述海外營業處相似；辦理進口，維持存貨，並負責該地區所有之分配與銷售工作。然而何以它採取這種子公司形態，一般人所持理由——至少就美國公司而言——在於納稅方面。在 1962 年以前，美國企業之海外子公司在當地所獲利潤，在未滙回美國前，可以暫不繳納公司所得稅。自稅法更改後，取銷此一優惠辦法，這一理由已不存在。但是仍舊有許多公司組設這種海外子公司，可見尚有其他更基本理由。依研究，在管理及經營上，子公司所具優點尚有(註17)：

1. 可集中管理及利潤責任。
2. 可對於貿易及產製業務取得更佳之協調。
3. 可限制法律上責任，僅及當地所有資產。
4. 可獲得採購上之經濟。
5. 可便於與當地中間商，顧客及受託製造者建立較佳關係。
6. 可使當地經營，獲得更大自主地位。
7. 可在當地借款，並以納稅前收益償還。
8. 可不必由總公司出面申請在當地從事業務之權利。

註16　詳見 Enid B. Lovell, *Organizing Foreign-Base Corporations*, Studies in Business Policy, No.100 (N.Y.: National Industrial Conference Board, 1961); Enid B. Lovell, *Managing Foreign-Based Corporations*, Stadies in Business Policy, No. 110 (N.Y: National Industrial Conference Board,1963)

註17　Lovell, *Organizing Foreign-Base Corporations*, *op. cit.*, p. 39

(3) **海外旅行推銷員** (travelling salesmen)

設如公司在某市場之銷售數量不足以維持營業處所或其他分支機構，而某些銷售工作又不能依賴當地進口商或中間商擔任，則可考慮利用此種旅行推銷員。

上述銷售工作，可能包括有關技術性產品之說明、示範或訓練，協助當地中間商解決銷售方面之問題，搜集有關市場反應及競爭狀況之情報等等。不過利用旅行推銷員有一限制，此卽不宜擔任經常性之銷售工作，例如維持顧客關係，產品服務、監督控制，及以取得定單之類。

海外經銷商 (foreign merchant middlemen)

(1) **獨家經銷商** (exolusive distributor)

此卽外銷公司給予當地某一中間商——包括進口商或批發商在內——以一定市場範圍內之獨家經銷權利 (exclusive sales rights)。這一經銷商不必一定爲進口商；因可由公司設在當地分支機構進口，轉售給他。

這種安排常有契約依據；有關經銷區域、經銷產品、分配通路、非銷售活動、費用分擔、以及契約有效期間等，都應謹愼和淸晰地訂定。如果經銷產品對於經銷商有利可圖，外銷廠商對於產品在當地之轉售價格、推銷、存貨、服務等工作，亦可握有相當控制力量。故對於需要有推銷、服務等功能之產品，以採用此一分配方式爲宜。

(2) **一般進口商**

在這項目下所包括的中間商，可能是純粹進口商(import jobber)；直接向廠商進口貨品，然後轉售予批發商、零售商或工業用戶。也可能是批發及零售商，將進口貨品轉售或自行出售。

但在兩種情況下，都未取得進口貨品在當地市場之獨家經銷權，因此外銷廠商可售予當地其他進口商或用戶。但是反過來，廠商對於這些一般進口商，也缺乏控制力量。

(3) 合資經營之中間商

近年來，有些公司爲謀對於海外經銷商能建立更密切之關係以及控制，乃設法與後者合資經營進口或批發、零售業務。所以這種合資經營之中間商，乃介於公司本身分支機構與獨立經銷商之間之一種類型。海外代理商 (foreign agent middlemen)

(4) 獨家代理商 (exclusive agent)

這種中間機構，大致和獨家經銷商相同；在一協議之市場範圍、產品及時間等條件下，獲有獨家代理權。但是他不取得貨物所有權，不負擔信用、外滙或市場風險，所獲得之報酬爲貨物銷售之一定佣金。

一般而言，代理商之任務爲兜攬定單，然後將其轉給外銷廠商，而由後者直接運送貨物給顧客，顧客也直接付款給廠商。在這情況下，代理商不必維持存貨，也很少對交易貨物提供服務。

與此種獨家代理商略有不同者，爲一種 general agent，在這名義下，廠商尙可在其代理範圍內，指定其他代理者。不過，經由其他代理者所成交之銷售，也一樣要支付給此一 general agent 以佣金，不過數額較一般爲少。

(5) 經紀人 (broker)

也和前述之外銷經紀人相似，不過係位於進口國家之內，外銷者利用此種種經紀人，主要由於後者和當地客戶保持有密切聯繫和關係。故透過這種經紀人，可較快尋得買主，成交希望也較大。

聯營或合作外銷機構 (combination, or cooperative export organizations) (註18)

除了前述情況外，一廠商可經由其他外銷廠商，將其產品銷供國外

註18 *Getting Started in Export Trade, op. cit.*, pp. 15-24,

市場以外，幾家生產相同或類似產品的大公司，還可以聯合起來，發展國外市場。這一外銷方式，近年來受到普遍重視。尤其對於一些無力單獨在國外從事推銷的中小型企業，利用這種方式外銷優點甚多。譬如在丹麥和愛爾蘭這類國內市場較狹小而小廠紛立的國家，利用這方法，已獲相當成效（註19）。

聯營或合作的方式並不一定。開始時，各獨立廠商也許只不過聯合參加國外商展，分攤費用；或共同印製產品目錄，分寄國外；或者在某一地區或幾個地區任用共同的代理商。這類合作方式，可以是非正式的和臨時性的。但慢慢地，可能發展為一正式的聯營外銷企業，以相同品牌外銷其產品。

這種外銷方式，可以說是一種「間接外銷」，因為這聯營企業不屬於任何一家廠商；但是另一方面，每一廠商又對於其經營政策，握有多多少少的控制，又可列為「直接外銷」，所以兼具有兩方面的性質。

這種外銷聯營組織，開始時，經常接受政府外銷推廣機構或同業公會的支持與指導。在良好的管理下，他可以協助各會員工廠解決各種問題，改進產品生產和管理，例如品質管制、產品調整之類。他也可以在選定的國外市場進行積極的廣告和促銷活動——這些活動是大部份會員廠商原來所無力負擔的。他還可以利用第一流的代理商。

不過欲期這種外銷聯營組織獲得成功，至少必須具備有下列幾個條件：

第一、會員必須要有合作意願並支撐到底的決心。

第二、要有良好的經理人員以推廣業務，循序漸進。

註19　有關外銷聯營之辦法及其問題之討論，可參考：*Organization and Management of Joint Export Marketing-Guidelines for Developing Countries,* (Geneva：ITC, UNCTAD/GATT,)

第三、有待全體會員不斷給予物質和精神上的支持。

第四、要有獲得全體會員一致同意的章程，明訂會員的權利義務。並且要能表現出一項事實，此即這一機構之獲得成果，恐怕要經過一段時間。

第五、必須密切注意生產效率和品質管制之加强。

第五節　實體分配中間機構

以上所討論者，屬於產品交易流程中之各種中間行銷機構；同樣地，在其實體流程中，亦賴有種種中間支援機構，擔負多種功能，將產品運達顧客戶所指定之地點。故在本文結束前，對於此等實體分配中之中間機構，做一極有要之說明。

（一）貨運業者 (carrier)

依其利用運輸工具不同，主要包括有水運、空運、及陸運之三種基本類型。他們在成本、速度、安全、可靠等程度上亦不同，外銷者必須考慮產品性質、數量、運送國家或路線、以及交易之緊急程度等，加以適當選擇。

迄今爲止，海運在國際運輸中佔有最重要地位，不僅因爲地球面積中有四分之三爲海洋，且因海運乃最廉價之運輸方式；以每噸英哩計算，海運運費僅及陸運之十分之一至二十分之一，或空運之二十分之一至四十分之一。不過實際上，所須支付之運費，乃取決於運輸數量、產品價值、搬運規定、產品體積與重量比重，尤其是運送船隻類型（例如定期或包租、協定費率或開放費率等）而定。

但是近年以來，空運之利用有日益增加之趨勢。在 1956-66 之十年間，世界貨物之國際空運量自十億噸英哩增達43億噸英哩，不過與世界之國際貨運總量相較，仍不及 1 %。但隨國際行銷之迅速擴增以及巨形貨運飛機之發展，相信在1970年代中，空運量將大量增長。

前此空運只限於貴重貨品或緊急採購情況，而今日空運貨物種類則包括極廣，例如電子計算機、辦公機械、電氣及電子設備、汽車零件、電視機、藥品、某些金屬製品、衣着等，皆已大量採用空運方式。此並非純因空運運費降低之故，因就運費費率本身而言，空運之昂貴仍爲各種運輸方式之冠，而係由於空運所具備之種種優點。

速度代表空運一大優點，可靠與簡捷也是兩大優點。而在減少損壞及打包、保險、倉儲、存貨等方面之節省，也是重要原因。再則由於迅速交貨，增進與中間商或顧客間之關係，和獲得更多定單，更是無法準確估計的利益。舉個例說，假定一德國公司向美國廠商訂購230臺織襪機器。如利用空運，每臺機器需要支付運費$224，而海運只要$37.80。但由於利用空運，可以縮短十天之運送時間；在這期間，德國公司可多織出207,000雙襪子，這一利益遠較所多負擔之運費爲高。由此可見，空運之增加，也正代表國際行銷者應用系統觀念於分配決策的結果。

（二）貨運服務業 (freight forwarder)

貨運服務公司本身並無運輸工具，但其所提供的貨運服務却極有價值。簡單地說，貨運服務公司的基本功能，爲受僱以設法使貨物儘速抵達目的地，並保持最佳狀況。在這功能下，它的工作可能包括：(1) 協助選擇運送路線，並安排船期；(2) 代爲安排由外銷者倉儲地點至碼頭之交通運輸工具；(3) 告知外銷公司所必須準備之貨運文件及有關規定，並可代辦部份文件；(4) 代辦出口驗關手續；(5) 告知有關貨物之包裝及標籤規定，減少外銷問題。(6) 並代爲安排貨物抵達目的地港口後之照料及轉運事宜(註20)。

貨運服務公司對於中小型企業，或新加入外銷行列之公司而言，

註20 *Getting Started in Export Trade, op. cit.*, pp.262-281

等於是一現成的「船運部門」；它擁有專門人才、豐富經驗和廣泛之關係，決非任何一家公司自設之貨運部門所能比擬。尤其由於它同時服務若干家外銷公司，故能將後者零星或非滿載 (less-than-carload, 或 less-than-truckload) 貨運合併，以滿載方式 (carload 或 truckload) 交運，可節省運費以及搬運費用。

（三）報關行 (customs expediter, or customs brokers)

這種機構在一般國家必須獲得政府發給執照，代理進口商辦理一切報關手續。由於貨物進口手續之繁雜，與所須塡報表格之衆多——以美國言，若干年前進口報關表格多達 80 種以上——使得報關行之服務成爲不可或缺之一環。

它可以辦理貨物檢查、估計關稅，並代爲交涉，以及其他服務。通常這種報關行和貨運服務公司是採聯營方式，以取得更密切的配合。

（四）公共倉棧 (public warehouses)

爲代替外銷者或進口者自行設置倉棧儲放貨物之必要，這些公共倉棧以收取一定倉租，出租儲存地點，供上述目的。此外，還可能提供分裝、交運、開製發票以及其他分配服務。

在有些國家，包括我國在內，還有保稅倉庫 (bonded warehouses) 之設置，此即公共或私有倉庫經海關作一定手續指定，凡儲存在這些倉庫中之貨物，得暫時緩繳關稅。在這期間，並得加這些貨物給予加工或處理。

附　　錄

成立「大貿易商」的幾點基本認識

近幾年來，我國內朝野，無論是政府、企業界或學術界人士，對於我今後如何保持對外貿易的繼續成長，以及適應國際情勢可能發生的變局，幾乎都有一個共同的看法，那就是急待成立本國的「大貿易商」。一方面，可以積極擔負起拓展外銷的艱鉅任務；另一方面，也可以避免我貿易以及經濟命脈操於外人之手。尤其近幾個月來，由於中日外交關係瀕臨空前緊張關頭，更感到這一需要的迫切。

（一）沒有標準型態的「大貿易商」

所以時至今日，已不能停留在高呼要成立「大貿易商」的階段，而要在最短時間內促其實現。可是問題在於：不論自理論或實際觀點，世界上並沒有一種標準的「大貿易商」型態，可以適用於所有的環境和目的而能產生同等的效果。所謂的「大貿易商」，決非只是在世界各大貿易中心，廣設分支機構，派遣大批人員到海外工作，即可奏效，如果這些機構組織散漫，行動遲緩；或所派遣人員良莠不齊，互相傾軋，甚或有心作為，但一切配合條件都不具備，也難望其能施展其抱負。那麼，到頭來，徒有「大貿易商」之名，而無「大貿易商」之實，仍然不能擔負起國人今天所交代的使命。

那麼，這種「大貿易商」之「實」應該是怎樣的呢？也許在主事者的心目中已有一整套的構想和腹案，但是對於大多數人而言——甚至包括從事貿易的有關業者在內——似乎只有一些模糊籠統的觀念。在這情況下，有關意見的溝通也必然跟着模糊不清，這對於集中意志和力量以積極做好這件事而言，無形中構成一種嚴重的障礙。

以今天國際貿易內容牽涉範圍之廣，以及所包括活動類型之複雜，我們所要成立的「大貿易商」，決非只是資金、人員和機構的湊合而已，更需要在此初創階段中，充分探究這一問題在各方面所蘊藏的意義，從而精心規劃我們所應努力的方向，否則僅憑一鱗半爪的直覺印象，或個人表面的觀察和片斷的經驗，貿然去做，到時候，難免發生「事倍功半」，甚至「不可收拾」的後果。

本文的目的，不在對於這種「大貿易商」的設置和做法，提出具體而詳盡的答案，而在說明這一問題的重要性，希望能引起有關機構和業者的重視。同時，在於若干基本觀念方面，提出個人的淺見，以供討論之參考。

（二）應該從所發揮的功能去考慮

顯然地，我們今天所需要的，並非「大貿易商」的形式，而是「大貿易商」所能發揮的功能。因此，我們要決定所應發展的「大貿易商」，也應該從它所應具備的功能去考慮。一般所謂的「中間商功能」，如採購、銷售、組合、運儲、融通、推廣、負擔風險、蒐集市場情報，提供管理服務等等，也都可以適用於貿易商，不過上述種種僅是一種概括的說法，在不同環境下，隨着它在整個貿易體系中所扮演的角色之不同，所擔負的功能範圍在重點也因而不同。

以我國目前的貿易體系而言，貿易商（主要是外國貿易商）所扮演的角色是相當重要的。譬如在近日作者所進行的外銷事業調查訪問中，曾提出類似下列問題：「貴公司有無擬訂外銷方面的營業計劃？」「有無指派專人蒐集市場情報？」「有無搜求國外樣品以供本身設計或改良產品之參考？」「有無參加國外商展？」「有無要求國外經銷商或代理商提供當地市場情報？」，所得到的答覆中，有相當大的比例是屬於這一類的:「本公司向係配合國外客戶（或外國貿易公司）訂貨生產,有關產品規格或設計,係由客戶提供。所需週轉資金亦係由外國客戶融通，或在其協助下獲得融通。爲節省開支起見。並未從事國外推廣活動,亦未指派專人負責蒐集分析市場資料，而且也沒有這種必要。」

從整個行銷系統言，這些廠商或貿易商沒有擔負這些工作，並不表示,這些工作已被眞正免除,費用因而節省；因爲在今日的國際市場狀況下，這幾乎是不可能的。我們廠商所沒有做的，已由國外客戶或貿易商代做了。而且他們從事這些工作，不是沒有代價的。他們藉此控制了市場，遂可以一方面依我生產成本訂定購進價格；另一方面，又依市價出售所購進的商品。在市價不變的情況下，我們愈努力，生產成本愈低，他們愈獲利，何況，他們以控制市場爲武器，還可根本主宰了我整個生產活動。

純粹自經營效率觀點，由外國大貿易商——譬如日本商社——來擔負分配功能，是十分合理的，因爲他們的經驗豐富而且規模宏大，所發揮的組織效能和規模經濟，使他們從事相同的工作，所支出的代價，遠較我廠商自行辦理者爲低。尤其在我貿易發展初期，其間差別極其懸殊，所以當初委由外商擔負外銷種種功能，亦有不得已的苦衷。反過來說，外商對於促進我對外貿易，亦有不可否認之貢獻。

然而時至今日，我對外貿易額在過去十年間幾乎增長了十倍。自數量規模言，應該可以培養出幾家像樣的大貿易商，可是事實上却沒有，這就不能純粹以上述經營效率因素來解釋了，而和外國貿易公司之控制我對外貿易，却有密切關係。一方面，他們以靈活的情報和手腕，雄厚的財力從事世界性的貿易活動，本國商人無法予以抗衡。但是更嚴重的，還是我本國商人長期發展出來的依賴心理，譬如前引對於訪問的答覆就可代表這種心理。在國際行銷學中所認爲間接外銷的缺點之一，在於不能培養本身的經驗，也就是針對這種情況而言。

如果這種情況不加改變，卽使我對外貿易額再增加一倍，恐怕仍然難以擺脫爲人控制的局面。所以從我外國貿易商的基本關係而言，在我貿易發展初期，雙方利害比較一致，但隨我貿易額之擴大，利害衝突之處將日益嚴重，所以今天要求建立本國大貿易商，也是事實上必然發生的結果。

（三）外國貿易商社居於中樞地位

再者，從較廣泛的角度來看這問題，我外銷事業和外國貿易商社的關係，還不是單純生產者與中間商的關係。因爲依此關係，生產者尙有選擇其外銷通路的權力和自由。但今天的情況是：以國際貿易活動之複雜，有賴生產、包裝、運輸、保險、推廣、融資、批發、零售等各方面之結合，從事這些個別活動之機構，有如一個個齒輪，而一些外國大商社，正如同居中發號施令的中樞。成個別機構之運行，皆在這中樞之策劃與控制下，爲配合其最大利益而努力，成爲其謀利之工具。今天我國內甚多工廠或公司，不過其中幾個齒輪而已，一旦此一中樞機構停止運轉，則所從屬之齒輪皆難免有解體的危險。

多年來，發展中國家往往只看到生產的重要性；因此爲保持生產活動的獨立自主，遂有種種保護民族工業的論調和措施，以免淪爲先進國家經濟的附庸。可是却疏忽了分配和行銷的重要性，尤其在於貿易方面，一旦市場爲人控制，縱有優良而有效的生產，也徒然爲人作嫁而已。今天我貿易方面的情況，在相當程度內，卽係如此。所以近來主張發展本國「大貿易商」，等於是在貿易上的保護民族工業，有關論點，在相當程度內亦可同等適用。不幸的是，在過去一段時間內，我們未能及早注意及此，等到外商力量已滲透每一角落，國人自信心被摧殘到相當地步，再想法挽救，這一工作格外顯得吃力。

近十年來，由於國際企業的發展，有關他們和地主國利益的衝突，已引起廣泛的重視和探討。在世界大同仍屬渺不可期的理想，國家主權和利益仍居至高無上地位之時，一國境內的企業，竟然聽命於遠在海外——東京、紐約等地——的總公司，而後者又受其本國政府政策和法令規章的支配和約束，這在承平時期，亦不免有時構成主權的侵犯，更何況當今國際局勢變幻莫測，利害衝突可能隨時發生之時！

（四）所需要的是自主的貿易體系

不過，這並非說，成立本國「大貿易商」，就是要完全取代這些外國貿易公司或商社，或完全照他們的辦法自己來做；前者是不必要的，而後者是不可能的。我們對於一國對外貿易應採取一種體系的觀念：這一體系中，不僅包括有各種銀行、運輸、保險、徵信、廣告、包裝、海關、賦稅、市場研究等民間或政府之有關機構或制度，而且還包括業者之貿易知識、經驗、負擔風險態度、交易習慣等無形因素。假如說，我們的貿易體系在過去和現在受外人控制的程度過高，則今天所要努力的，是爭取對於這一體系的自主，所謂建立「本國大貿易商」，不過是這全盤努力中的一項重大措施而已。而在這握有自主權的體系中，外國商社或洋行之類機構，仍然可以扮演相當重要的角色，發揮其功能，所以說，完全取代是不必要的。

再者，企業機構並非僅僅資金、人力、設備之類因素的結合而已，他亦有其發展背景和精神。譬如以今日世界上最具威力的日本綜合商社而言，即係在日本的經濟和社會等環境下長期成長而來，如果我們刻意仿效，即使在形式上可以做到幾分近似，而在實際上，難保不會產生「逾淮而枳」的結果。更何況以我們今天的種種條件，能否仿效其一切做法，根本上就是大有問題，這點將在文後再加論及。

有人視「大貿易商」主要為一種「爭取訂單」的機構，這也是過於短視的看法。按「銷售」雖是一種重要的「中間商功能」，但是這種功能的擔負，往往先需要有其他功能的發揮，然後才有「成交」的可能。今天我們所期待於「大貿易商」的，恐怕正是這些其他功能，譬如發掘市場機會，從事貿易推廣，提供市場情報，協助資金融通之類。如果只是爲了短期「銷售」目標，我們只需要由不同廠商聯合在世界各大貿易中心租下一棟華麗的辦公大厦，各自爲政地分頭尋求買主，卽可達到「大貿易商」的理想。可是這樣做，恐怕除了在分攤房屋租金或事務費用，減少工作人員鄉愁方面有若干作用外，絕對無法擔當前述的大任。現代「行銷學」(marketing) 的基本觀念，就是告知經營企業者，應將其努力重心自收獲移向耕耘，自採擷移向培育，也就是自「銷售」(selling) 擴大爲「行銷」(marketing) 這樣才能發揮引導和組合生產的功能。

有大的機構，還要有大的氣魄和眼光，才能有效運用這機構。多年來，甚多貿易人員因已習慣於外國公司的衞星地位或家庭工業做法，在觀念上，每以爲談拓展對外貿易，也就是講求處理信用狀，辦理銀行押滙，申請退稅、安排船期、寫英文書信，接待外國客戶之類工作而已。當然，這些事務性工作是無法避免的，而且也要做好。但是更重要的，應該是如何選擇市場目標，發掘產品機會，建立情報系統。研究拓銷策略，却往往不受重視，或認爲這些是與事無補的「理論」。殊不知外國洋行或商社所憑藉以控制我們的，却正是我們一般不屑一顧的「理論」。如果我們在觀念或眼光上不能「更上層樓」，則未來的「大貿易商」也者，不過是更多高級跑街、英文秘書、和簿記員的集合而已。

（五）日本商社發展過程之借鑑

最後，擬借日本綜合商社發展之實例，說明我們「大貿易商」可以借鑑的一些經驗。

以三井爲代表，日本商社的發展可上溯及三百年前的日本。當時由於日本國內交通阻隔，運輸不便，在甲地所生產的商品，要想銷到乙地去，是一件非常困難的事。有眼光的商人便擔負起這一任務，以溝通產銷的需要。同時，他們又很快發現，要保持生產者繼續生產，甚至擴大生產，還要進一步提供他們以所需的原料，並不斷爲其發掘新市場。所以今日日本商社所擔負的功能，那時便已奠定了基礎。

不過，商社在這基礎上的穩定成長，乃是一漫長而複雜的過程。隨著業務規模的擴大和市場結構的複雜化，他們逐漸和國內其他經濟機構發生密切關聯，其中包括有銀行、運輸、營建、批發、零售、保險、房地產各業，由於這些機構乃係透過商社而結合起來，很自然地，商社遂在日本國內商業體系中居於最活躍與堅强的中樞地位。

一般而言，日本在經濟資源方面也是相當貧瘠的。可耕面積狹小，礦產貧乏，其生產所需的原料，如鐵礦砂、工業鹽、石油、銅、木材等，也莫非絕大部份自國外輸入不可。而爲進口這些原料，又得努力拓展外銷，以爭取必要之外滙。在這種背景下，很自然地，又使得商社擴展其業務範圍至國際貿易方面：進口原料，出口成品。以旣有的經驗和組織爲基礎，終於發展到今日這種局面。

不過，今天的日本商社所從事的國際業務，已不限於日本進出口貿易而已。

第一、爲保持其原料供應來源和海外市場的安全，近年來紛紛向海外積極投資，地區遍及澳洲、印尼、近東、中東、非洲和加拿大等地區。其性質已非單純的貿易商，而是一個個從原料開採、進口，以迄成品出口，行銷全套業務的國際性企業。

第二、其交易的對象國家，也不限於日本爲其一方，而擔負起第三國間的貿易中介，譬如把美國、加拿大生產的小麥，輸出到韓國、馬來西亞和非律賓；又把韓國和中華民國的合板，輸出到美國。今天設在台北的許多日本商社的分支機構，就做了鉅額這種生意。

第三、其業務內容，也從單純的商品，擴大爲綜合性需要的滿足。譬如海洋開發、宇宙開發、新都市開發、觀光開發之類，所包含的，是各式各樣的技術和產品。日本商社憑藉其强大靈活的組織、豐富的經驗和創新的精神，才能結合這許許多多的企業和服務，共同達成一項複雜而新穎的任務。

（六）結論——幾點啓示

從上面有關日本綜合商社發展背景和歷史的簡述，也許我們可以得到幾點啓示:

第一、盲目的抄襲日本商社的做法，是不可能的；因爲人家有三百年歷史的支持和經驗的累積。在其成長過程中，已經和整個社會、經濟、政治等各方面的制度交織在一起，成爲一個整體。它不但是一種經濟機構，也是社會和政治機構。我們的環境和日本有許多基本不同之處，自不可能產生同樣的機構。但是如果說，日本商社主要是自然成長而來的，我們的「大貿易公司」是規劃而來的，則在規劃過程中，也必須要通盤考慮有關的經濟、社會、政治各方面的因素和配合，而不能狹隘的予以孤立考慮。

第二、日本商社的性質和經營方式，不是一成不變的。就因爲它能够隨同外界環境變化，時代需要改變而不斷蛻變，所以才能發展到今天這一地步。從整個世界發展的趨勢看，國際貿易已由單純的進出口演進到國際企業，再進到多國性公司，如果我們今後仍然拘泥於單純的「外銷」觀念，恐將無法適應今後的國際市場競爭。譬如，今日我在國際市場上極具競爭力量的產品，今後將隨國內工資水準提高而增加其成本，設如先進國家改在其他勞力低廉地區設廠生產，必將構成我外銷極大勁敵和威脅。當然，以今日我人所處環境之特殊，外國做法未必完全適合我們的需要，但是客觀的情況並不因此改變，我們如何能針對這種情況發展我們應努力的方向，乃是一個極其值得深思熟慮的問題。

第三、即使暫時着眼於「外銷」，也不能只解釋爲單純的爭取訂單而已。這種觀念下的「大貿易商」先天上已自行限制其發揮之功能，在長期內必難逃避被淘汰的命運，即使在短期內，也發揮不了多大作用。依前者所做分析，今天我們所期望於「大貿易商」的，就是能發揮較爲廣泛的功能；設非如此，我們又何必需要它。儘管我們一時絕無可能做到像日本綜合商社那樣無所不做的地步，但在可能範圍內，一定要容許所設立的貿易公司有較廣泛的業務範圍，供其靈活運用。這方面恐怕有待我們學習之處甚多，但如能應用現代管理方法和技術，逐步發展，也不是不可能做到的。

總之，以上所言，並沒有對於應如何發展我「大貿易商」問題，提出一完整的答案，只不過就提出這答案之前所應考慮的幾項基本問題，提出個人淺見。最重要的，就是要從我整個貿易和經濟體系去看「大貿易商」的功能，決定取捨標準，因此，全盤的規劃和研究是不可或缺的。

（原載於經濟日報六十一年十月十日出版）

第九章
國際行銷之定價政策及問題

定價屬於行銷組合中一項極其困難的問題，儘管這方面的經驗及研究均甚豐富，但仍未能發現出有何種公式或規則，可遵循利用，以獲得最有利的定價決策。故一般常認爲，定價之藝術成份大於科學成份。可以想像得到，當這種定價問題發生於國外市場，甚或多個國外市場時，若干新增變數更增加問題的複雜性，例如關稅、運送條件、付款方式，組織型態等等。

不過，這並不表示我人對於這一問題毫無辦法，有關定價之若干經濟觀念、分析構架及分析技巧，如能將其充分瞭解，仍能協助管理人員掌握市場情勢以及本身成本與銷量之結構關係，從而選擇較佳之價格。本章目的，卽在於：第一、自策略觀點說明業者對於定價問題的不同看法；第二、分析若干影響定價之基本因素；第三、討論若干在國際定價上所遭遇之特殊問題，例如差別定價、再售價控制、傾銷、報價，以及公司內部定價責任等；第四、說明總公司與各附屬事業間之轉移價格問題。

第一節　定價在於行銷策略上的地位

對於定價問題的策略意義，各國企業常持不同的看法。在許多國家，定價並不被認爲是一競爭工具，例如李安德 (Bertil Liander) 研究歐洲共同市場，發現稱：「一些廠商，雖然具有相當程度定價自由，但是一般趨勢却忽視定價做爲行銷策略中之一重要因素（註1）。」所以在西歐各國中，廠商爲避免價格競爭，採取價格協議乃形成一甚爲普遍的現象。

但是對於美國廠商言，定價乃是一重要行銷手段，與其他行銷手段配合運用以達成某一行銷目標。在這觀念下，究竟定價在策略上應佔何等地位，以及如何定價，乃着眼於整體規劃之效果，而非孤立考慮或不加區別地使用或規避。有關此種行銷組合或行銷系統觀念之應用，不擬在此贅述。

又如在我國內廠商外銷定價上，一般常感的問題有兩種情況：一是因爲廠商本身昧於市場情況，聽憑買主決定所願購買之價格，這種價格常稍高於維持生產所必須之成本，但和國外市場最後售價却可能發生脫節。另一種情況，是過份依賴定價爲競爭求售武器，一味削價，結果是無法維持正常品質和利潤，無力求正常發展。在這兩種情況下，都難稱對於定價有正確的策略觀念。事實顯示，這種定價方式，對於廠商本身，不但不能創造更高的發展境界，反而造成極其不良的後果。

就上述三種觀念言，顯然以美國廠商所採取者，較爲可取。我人應視定價爲達成行銷目標之一項積極的手段，既非如歐洲廠商之規避使用，亦非如我國內廠商之完全被動或一味削價。在以下討論，即係基於一般美國廠商所採觀念爲基礎。

第二節　定價目標與定價因素

在上述之策略性定價觀念下，則定價應有其期望達成之目標；一

註1　Bertil Liander, *Marketing Development in The European Economic Community* (N.Y.: McGraw-Hill, 1964). p. 49.

般之銷售及利潤目標如：達成一定投資報酬率、求得最大利潤、擴大或維持一定市場佔有率、保持價格穩定、對抗競爭等，多已見於一般行銷管理論著，不擬在此贅述（註2）。

在國際定價中具有特別意義者，則有以下幾種情況：譬如一種目標爲根據購用者所獲之效用定價，則由於各市場間之所得、習俗、愛好不同，其購買者效用可能相差甚大，因此國際定價中有關差別定價 (differential pricing) 問題，較在國內市場中爲重要。又如一公司之國際行銷目標爲利用多條通路 (multiple channels) 以獲致較普遍之分配，則由於各國分配結構及其負擔之功能相去甚遠，因此在定價上亦應具有較大彈性以爲配合。

又如一公司爲求迅速進入一新市場，俾可充分利用公司產能及其他生產因素，則爲達到這目的，其定價可能只基於變動成本或淨增成本 (incremental cost)，以致造成傾銷問題。

有時，一廠商爲求達成其一定市場占有率之目標，必須控制其產品在國外市場上之最後售價。這就是一般所謂之「再售價維持」(resale price maintenance 或 R.P.M.) 問題。這種策略在國際市場上將遭遇許多困難。

再從國際企業整體管理觀點，有時爲達成擴大利潤之目標，涉及各國稅負、利潤滙出等策略，這時則定價問題不但和公司對外售價有關，且亦包括公司內售價之訂定在內，這也是本章中所要考慮的「轉移定價」(transfer pricing) 問題，亦將於文後設有專節加以討論。

定價因素

從事定價前，應先對於與定價有關之內外環境因素有所瞭解，並

註2 例如 William J. Stanton, *Fundamentals of Marketing* 3rd ed. (N.Y.: Mc-Graw-Hill, 1971), Ch. 18, pp. 411-419.

考慮其策略上之涵義。此種環境因素非常複雜，但可將其歸於以下四方面：1. 成本因素、2. 市場因素、3. 競爭因素、4. 政治及法律因素。現分別說明於次：

1. 成本因素

根據行銷學原理，成本構成定價之下限 (floor)。但此處所謂成本為何，頗有商榷餘地。

第一、究指一個別市場之成本或整個公司所有市場之成本；在於後一情況，公司尚可截長補短，或根據當地之負擔能力定價，但整個而言，價格仍維持於成本之上。

第二、究係根據全部成本 (full costs) 或變動成本 (Variable costs)；例如若干廣告或分配成本因不適用於外銷，即不應包括在內，又有時為了策略上考慮，於公司內部計算轉售價格時，只基於直接生產成本。

雖然國際行銷之成本項目，大致和國內行銷相同，但其重要性可能極其不同，例如運費、包裝、保險費用等，可能在國際行銷成本上佔有重要地位。還有一些成本項目為國際行銷所獨有，例如關稅、報關、文件處理等。現就對於國際行銷具有特殊意義之成本項目：關稅及其他稅負、中間商毛利、運費、融資及風險成本等，分別說明於次：

(1) 關稅及其他稅負

關稅對於進口貨物的影響是十分直接的。各國關稅制度及其實施情況至為複雜，不擬在此論列。但一般而言，關稅制度之目的有二：一為保護目的，使某種貨物不至於輸入；另一為財政目的，即增加政府稅收。其中以前者對於國際企業或本國企業所發生的影響作用較大。

除關稅外，各國尚可能征收交易稅、增值稅或零售稅等，這些稅可能會提高貨物最後售價至相當嚴重程度，不過一般對於本國貨物或進口貨物一視同仁，爲與關稅不同之點。

(2) 中間商毛利

由於各國市場分配結構之發展程度相差懸殊，在有些市場，廠商可利用較直接通路將產品供應其目標市場，經銷中間商能以較低成本擔負各種中間商功能，如運儲、推銷等。但在有些市場，由於缺乏適當之中間商，以致貨物分配必須負擔較高之成本。

例如 Campbell 公司發現，其在英國市場所負擔之分配成本較美國高30%，其原因和英國食品雜貨店之進貨模式有關；它們習慣購進24罐裝之各式罐頭食品，且其進貨週期較短；反之，在美國，通常零售店進貨爲48罐裝之同一種罐頭，不必事先混配，且進貨週期較長。

(3) 融資及風險成本

由於國際行銷中，一項交易之完成：從接到訂單，到交運，以至最後付款，所費時間遠較國內爲長。因此也隨同增加了融資及風險成本。

不過這種資金凍結之成本隨國家而異。在有些國家，一進口商爲申請輸入許可證，即須向政府繳納一筆保證金，等到收到貨物出售或使用，時間上可能相隔半年以上，在於一利息高昂國家，所增加之成本至爲可觀。

除此以外，由於交易完成時間之延長，尚增加其他風險或成本，例如通貨膨脹、滙率變動等。如果一國外市場上有此等可能風險，則必須計算於價格之內或採取自衞措施，例如以一較穩定之貨幣訂立契約之類。

成本對於價格之影響——舉例說明

上述各成本因素對於最後售價之影響，可以一例說明之。現假定：(1) 一廠商之淨售價保持一定：$.95，不管國內外均一樣；(2) 所有國內儲運成本均由各中間商負擔，已包括於其毛利之內；(3) 國外中間商之經銷毛利和國內經銷商所要求者相同；(4) 關稅及國際運費等保持不變。

如表 9-1 所示，由於所經由通路長短不同，稅負不同以及中間商所要求之毛利率不同， 零售價格可自內銷之 $ 1.90 至外銷價格最低之$ 2.58 至最高 $ 4.79，相差幾達二倍半之多。

表 9-1　各種成本因素對於最後零售價格之影響

	內　銷	外銷：售予進口批發商	外銷：售予進　口　商	外銷：增加累積交易稅	外 銷：零 售 毛利較高，長通路
廠商淨售價	$.95	$.95	$.95	$.95	$.95
運費 c.i.f.		.15	.15	.15	.15
關稅 (20%)		.19	.19	.19	.19
進口商成本			$1.29	$1.29	$1.29
交易稅10%				.13	
進口商毛利 (25%成本)			.32	.32	.32
批發商成本	$.95	$1.29	$1.61	$1.74	$1.61
交易稅				.17	
批發商毛利 (33¹/₃%成本)	.32	.43	.54	.58	.54
中盤商成本					$2.15
中盤商毛利 (33¹/₃成本)					.72
零售商成本	$1.27	$1.72	$2.15	$2.49	$2.87
交易稅				.25	
零售商毛利 (50%成本)	.63	.86	1.08	1.25	1.92*
零售價格	$1.90	$2.58	$3.23	$3.99	$4.79

*此處假定零售商毛利率爲 66²/₃%而非 33⅓%。

在上述情況下，如廠商認爲其零售價可能過高，則可考慮採取若干對策，今舉例如次：

最直接方法爲減低淨售價，譬如在上列外銷直接售予進口批發商例子中，廠商可自行擔負運費及關稅差額 $.34，將淨售價減至 $.61，而非 $.95。不過，這一策略可能不能採行：一則，減價可能造成嚴重損失；再者，可能被進口國判定爲「傾銷」(dumping)，徵收反傾銷之平衡稅，則完全抵銷減價效果，徒然減少銷售收入。

有時爲減少關稅差額，乃修改輸出貨物，使其適用不同之稅則項目；或輸出零配件，在進口國內裝配。如果進口市場具有相當潛在需要，而有關生產條件亦已具備，則進一步在當地產製，更可節省種種成本及關稅，以增加產品在該市場之競銷能力。

此外，亦可考慮縮短分配通路，消除中間分配階層。自行銷功能觀點，縮短通路未必能節省分配成本，有時尙將增加成本，因所須功能仍然需要負擔。不過在有些國家徵收交易稅，只要貨物多轉手一次，卽需多繳納一次，例如上例中所列者。

交易稅有累積與非累積兩種類型：累積者，卽每次均按產品總值計算；而非累積者，僅按增值部份計算，故爲增值稅 (value-added tax，或 T.V.A.)。不管那一類型，如能縮短通路，將可減少此種稅負。

2. 市場因素

市場因素主要表現爲顧客對於此一產品之需要量或負擔能力，具體表現爲「需要曲線」(demand curve)，此卽在不同價格下之需要數量。

影響一市場對於某種產品之需要曲線之因素，國外市場與國內市場大致相同，此卽人口 (demographic)，社會經濟 (socioeconomic) 因素以及風俗習慣，所得水準等。不同市場之需要曲線，不僅在絕對水準上不同，則其在價格彈性，所得彈性等方面，也可能有相當差異。因此若就個別市場孤立考慮，則極可能將訂定不同價格，但因此將造成差異定價問題，且未必對公司整體利益言係屬最有利，此將於文後論及。

尚有一大困難，在於如何取得有關市場需要之情報。在今日世界上多數國家中，此種統計資料並不完備，若自行或委託當地研究機構進行搜集，亦未必可行。因此，在於此等市場，將無法利用上述需要資料於定價，形成一大困難。

3. 競爭因素

如視成本爲定價下限，需要狀況爲定價上限，則競爭狀況將協助管理者在這兩界限中訂定一具體價格。

競爭狀況常區別爲若干基本模式：一爲接近純粹競爭（pure competition）之狀況，一些原料、農產品或大宗物資在國際市場上卽屬這種情況。價格由市場決定，個別廠商具有甚少影響力量，如果其成本低於市場流行價格，則他將繼續生產並銷售此一產品。不過有時只要流行價格可支付變動成本而有餘，則仍繼續生產。

在不完全競爭狀況下，則廠商可藉由不同產品品質、推銷努力、及分配策略以影響其定價，這也就是有時將定價視爲「應變數」(dependent variable) 的理由（註4）。但由於競爭產品間仍有某種程度之代替性，所以廠商定價仍不能不考慮競爭品價格。

又在寡佔競爭情況下，價格之高低，常取決於少數同業間之相互關係。如果其間存在有價格領袖、協議或默契，則一般價格將高於成本下限；反之，如果彼此間判斷對方行爲錯誤，或爲保持經濟生產規模，不惜減價求售，則可能導致價格戰爭，使價格跌至變動成本水準。在這情況下，一國際性企業，尤其多國公司，所能負擔或承受之能力較一國內企業爲强。

有關價格協議問題將於文後論及。

4. 政治及法令規章因素

註3　Cateora and Hess, *op. cit.*, pp. 677-678.

註4　John Fayerweather, *op. cit.*, pp. 99-100.

政治及法令規章因素常限制廠商定價自由，而且這些因素隨國家或市場而異，負責國際定價者不可不加瞭解此等因素之存在及其性質。

譬如，有時基於經濟因素所決定之價格，即可能被核發進口許可證官員認爲過高或過低而拒絕其進口。過高可能認爲浪費國家珍貴外滙或利用轉移定價逃避外滙；過低亦可能認爲將打擊本國民族工業，具有不良經濟後果。

還有一政府所採取之關稅，配額制度以及反傾銷措施，亦對於定價產生直接影響作用。

第三節　若干重要國際定價問題

(一) 價格協議或設定

有時同業之間爲避免惡性競爭，尤其殘殺性削價競爭，乃採取價格協議；有時，係由政府推動此種協議，或設定一個合理價格；還有經由國際會議達成價格協議，在國際市場上都是很常見的現象。

價格協議或設定，具有各種形態，有採非正式之約定或君子協定，而有採成文之正式協定。但一般以下列四類與國際行銷關係最爲直接(註5)：

1. 專利授權協定 (patent licensing agreements)

藉由專利授權協定，專利所有人得劃分市場範圍，給予使用者在一特定地區之獨家產銷權利，因此控制了定價。

2. 卡特爾 (cartels)

即由生產同類產品之公司聯合控制該項產品之市場，其程度較上述專利授權協定更進一步，可簽訂協定以設定價格，分配產銷及市場範圍，甚至分配利潤。在有些情況下，甚至採取銷售聯營方式，將利

註5 Cateora and Hess, *op.cit.*, pp. 686-697.

潤分配予各參加公司。

各國對於國際卡特爾的法律立場，乃採某種程度的寬容態度。例如美國禁止國內卡特爾，但容許廠商在國外採取類似卡特爾活動；過去歐洲自由貿易協會（EFTA）所簽條約中隱含一條款，不許可卡特爾存在，但實際上並無具體限制或設有任何執行機構。而歐洲共同市場所根據之羅馬條約在事實上也採容許態度，尤其對於不致影響本國之外銷卡特爾，不在禁止之列。

3. 聯營（combines）

這較卡特爾具有更進一步的控制力量，由參加公司組成理事會，對外有如一單獨事業，會員中有違反協定者，將受罰款處分。價格設立自係這種組織下極其普通的結果。

4. 同業公會（trade associations）

有許多國家的同業公司，對於參加會員公司之定價，具有或多或少的控制力量。譬如有的擔負起類似卡特爾的作用，具有嚴密的控制；有的不過搜集有關情報而已。在前一情況下，所設定的價格係被認爲對於該行業全體最有利者。對於不遵守該項協議價格者，尙可發動全體會員予以杯葛制裁。

以上係由企業界自行協議或設定價格。事實上，在若干國家，國際行銷者亦將遭遇由政府所設定或控制之價格，這大致又包括以下各種方式:

1. 設定毛利率。
2. 設定價格上下限。
3. 管制價格調整。
4. 參予市場交易。
5. 給予本國工業或外銷津貼。
6. 居於獨買（monopsonies）或獨賣（monopolies）地位。

7. 參與生產國家或消費國家之價格協定，例如國際糖協定，咖啡協定、以及石油產地國之間協定之類。

（二）傾銷 (dumping) **與差別定價** (differential pricing)

究竟怎樣定價可被認爲傾銷，並無一致的定義。有的學者認爲，售價如低於生產成本卽屬傾銷；有的又認爲係產品在國外售價低於其國內售價。不過甚多國家法律視兩者均爲傾銷。有些國家制訂反傾銷法案，採取提高關稅或其他措施以爲遏止；有的國家雖未通過此種法律，但對於被認爲有傾銷之嫌之產品，亦表示不歡迎，並示意當地進口者停止採購此種貨物。

美國制訂有反傾銷法案，不過要引用該法案，首先必須該產品和美國本國產品完全相同，其次必須證明由於該項傾銷侵害到本國生產者，再者，受保護之本國生產者限於進口貨物銷售之市場，而非全國任何地區之生產者。這種對於傾銷採取較放鬆的立場，乃導源於1968年日內瓦舉行之貿易談判的結果。

許多學者認爲，所謂傾銷，實係一種差別定價方式，乃廠商根據各不同市場之需要水準及彈性所採的定價，以求擴大本身利潤。因此差別定價較傾銷之意義爲廣泛。

採取差別定價的情況，約有以下幾種:

第一、由於市場需要彈性不同：爲獲得最大銷售，可能在彈性較大市場採取低價，彈性較小者採取高價。

第二、配合當地競爭情況：可能在競爭劇烈市場採取低價，反之則採高價。

第三、配合行銷目標：如擬供銷一廣大市場，則在普遍分配及大量廣告之配合下，採取低價；反之，如只擬爭取少數高所得客戶，則採高價。

第四、配合產品線策略：從整個產品線觀點，根據公司在各市場之產品組合（product mix）策略，決定各產品項目之價格，以求得最大利潤。

第五、配合成本結構：包括行銷及生產成本在內。有時在不同市場之行銷成本不同，公司將其反映於定價上；或有時為求分攤投資費用或固定支出，乃在某些市場上採取變動成本定價。

（三）控制轉售價格

如前所稱，一廠商為求達成一定之市場占有目標，可能企圖控制其產品在國外市場上之最後售價。一般所持具體理由可能有：（1）給予中間商（進口、批發或零售）以合理報酬，俾免於削價競爭，影響其對於本產品之興趣及服務；（2）保護一產品在市場上之良好印象，避免由於削價求售造成不良產品聯想。

這些理由應用於國外市場上，似乎較國內市場更為脆弱；一般外銷者鑒於這一理想不易做到，也不感興趣。再者，各國法令及政府對於維持轉售價（R.P.M.）的態度也日趨消極；例如德國向被認為是這一法令的堅强據點，但近年也漸被法院所放棄。至於其他國家情況，可參考註解中所列專書（註6）。

（四）外銷報價

外銷報價方式多種，一般此等方式又以「貿易條件」(trade terms)為主要內容。此等貿易條件包括貨物交付地點，買賣雙方費用負擔及所負責任等在內：常見者有(Point of Origin)，F.O.B., F.A.S., C&F, C.I.F., Ex Dock 等，有關此等貿易條件之具體內涵，可見於一般國

註6　B.S. Yamey, *Resale Price Maintenance* (Chicago: Aldine Publishing Co., 1966).

際貿易實務書籍，不擬在此重複。

自定價觀點，如果一外銷廠商對於所有國外買主採取同一價格，而非差別定價，則其所有 F.O.B. 及 F.A.S 報價皆應相同，而 C&F 及 C.I.F. 報價則隨運費等不同而不同。不過卽使計算 C.I.F 價格，並非只是將國內價格加上運費和保險費就可以，還要考慮種種其他因素。一項極有用的工具可幫助外銷者計算其報價者，爲成本計算卡。有關此一成本計算卡之範例，如附錄所示。

外銷者所提供買方的報價，一種是「確定要約」(firm offer)，此卽將價格報出後，在一定期間內經買方接受，賣方卽有履行供應之義務。還有一種報價，經賣方聲明保留變更權利者，則尙需經過進一步之磋商或肯定。有時賣方鑒於原料價格或成品市價在接到定單與交貨期間內可能發生波動，則不願提出確定之報價。

在可能情況下，報價方式應儘量配合買方之需要與方便。例如以 F.O.B. 與 C.I.F. 比較而言，由於後者係包括貨物到達目的地港口之一切費用在內，可便於買方比較不同來源之報價，自較 F.O.B. 報價爲佳，因在後一情況下，他還要自行搜集與計算一些到達目的地港口前之一切費用。

在於交易所涉及貨幣，有發生滙率變動可能時，對於報價所採貨幣種類也應愼重選擇。爲避免由於滙率變動所發生的損失，或以一較穩定之國際通用貨幣報價，或於訂約時言明，如日後因滙率變動所發生的損失由對方負責，或與外滙銀行預購外滙，依簽約時滙率計算，以避免此種風險。

此外有關信用條件，數量及品質條件也均應在報價中明白說出。

（五）定價責任

由誰決定國際銷售價格？在國內行銷時，這一責任主要落於行銷經理人員身上；但在國際市場上，情況較有差別。由於國際定價較爲複雜，且所涉及因素屬於法令規章、公司內部競爭，獨家買主方面較多，故已有由集體定價之普遍趨勢。此即由行銷、財務、製造及法律人員與地區負責者磋商後，共同決定一價格。此一協調工作可能由外銷部或國際部經理擔任，甚至由總經理擔任。

不過這種定價程序多偏重於基本價格，或發生於重大交易之情況；在於日常具體交易價格之決定，則仍以交由較接近與瞭解當地市場情況之中下層管理者擔任爲宜。

第四節 內部轉移價格之決定

隨着國際企業之擴大，其總公司與海外附屬事業之間，或海外各附屬事業之間，往來業務日見增加，則對於此種內部產品轉移，究應如何訂定價格，變爲一極重要問題，有待公司設立一定政策以爲決策準則。

這一問題也發生於一國內企業，如後者採取利潤中心(profit center)分權管理制度時。內部轉移價格之決定，對於各單位人員之動機及行爲，具有重大影響。由於國際企業之附屬事業係分佈於不同國家境內，則在法律上或組織上更有分權與獨立計算盈虧必要，因此內部轉移價格問題也更普遍與重要(註7)。

(一) 轉移價格之涵義

轉移價格之訂定，對於整個企業言，常具有以下幾點涵義：

第一、可影響負擔關稅成本之多少：例如將貨物輸入一高關稅國家，即可藉由較低之內部轉移定價，而減少關稅負擔。

註7 James S. Shulman, *Transfer Pricing in Multinational Business* (Unpublished D.B.A. dissertation at Graduate School of Business Administration, Harvard Univ., 1966).

第二、可影響在一國內之所得稅負擔：藉由較高之轉移價格，將利潤轉移於稅率較低之國家；有時尚可利用此種作用，使某國附屬事業之財務狀況表現優異，俾便於向外借款或籌資。

第三、可有助於滙回股息：在於限制盈利滙出之國家，國際企業可藉由訂定較高之轉移價格，將此國內所獲利潤無形中滙出國外。

（二）轉移價格之訂定方式

基本上，內部轉移價格之訂定有下列幾種方式：

(1) 依當地製造成本加一定成數。

(2) 依公司內效率最高生產單位之成本加上一定成數。

(3) 由相關事業間磋商決定。

(4) 依照向外界獨立客戶之報價。

(5) 依照向外界訂購之可能購價。

在上述各種方式中，主要根據之因素仍爲市價與成本；第(1)(2)兩種方式屬於後者，第(4)(5)則屬於前者，而第(3)種則介於二者之間。利用成本決定轉移價格，有幾種缺點：首先、成本不易準確決定，尤其在於聯合成本 (joint costs) 情況；其次，依成本定價可能使生產單位不願儘力減低成本，失去激勵作用。

如依市價定價，亦有困難，因爲不易取得眞實之市價資料。尤其在於國際市場上，各國市價並不相同，則以何國市價爲準，將構成一大困難。如依不同市場訂定不同轉移價格，則將使內部定價變爲十分複雜，且將遭受部分國家稅務當局之反對，認爲將造成逃稅情事。

如果要內部單位以磋商決定轉移價格，則買方應有權以較低價格向市場採購，則磋商方有意義可言。在這方式下，如賣方成本過高，則將表現於其利潤減少上，故高層管理人員將可根據這情報決定此一部門之存在價值，產品變更或生產水準等方面問題。

磋商亦有其困難，譬如造成單位間之摩擦，浪費管理人員時間及精力。再如雙方爭持不下，而由高層管理裁決，則失敗一方之士氣將大受影響。有些公司將這種問題交由一高層委員會以非正式方式解決，企圖避免上述困難。

如果訂定內部轉移價格，能同時兼顧成本及市價，或可達成公司目標而避免任何一方之困難。例如先依成本定價，但對於其後加工或銷售所得利潤，賣方亦可獲得分享。學者認爲，如這方式運用得當，將可藉以減少稅負，而同時提供合理之利潤資料以供評估管理效能及投資利益之用。

（三）利潤中心制度

在於利潤中心制度下，轉移價格一方面構成賣方之收益，另一方面又是買方成本。因此賣方希望其儘量地高，買方又希望其低，雙方利害在這點上是衝突的，故轉移價格不可聽由任何一方決定，以致對另一方造成不公平之損害。近年以來的趨勢，似乎傾向於由總公司決定，附屬事業式單位必須接受而且無外購自由。而總公司係基於成本、市場及競爭資料，並配合關稅、所得稅以及政府規定，達成對於整個公司之最佳決定。

如係這樣，則利潤中心觀念必須大大修改，因爲利潤資料不足做爲衡量各單位經營效能之基礎。這時，爲供後一目的，必須改採其他代替方法，例如將海外事業單位改爲「成本中心」(cost centers)。對於生產經理，係依其能否減低成本或控制品質以衡量其績效；而對於行銷經理，則根據其能否增加銷售或擴大市場占有率以爲衡量標準。

如果海外事業屬於合資性質，則轉移價格之考慮因素又有不同。由於當地合夥者之存在，自不願依成本訂定轉移價格，徒使合夥者得利，但又不能訂定過高，因此將遭致合夥者之反對。在這情況下，可能採取磋商方式，而買方保留有外購權利以爲解決。

附　錄

如何利用外銷成本計算卡*

到國外市場尋找生意的重要事項之一，是先算出確實的外銷價格。一些想要將貨物賣到國外去的人，常常只將國內價格加上運費和保險費就了事，完全把 C.I.F. 報價中的其他因素忘記了。有時這個價格偏高，但多半是偏低了。當然，外銷價格只要能有合理的利潤，似乎應該愈低愈好，這樣可以增加產品的競爭力量，不過也不能經常低到成本以下。

一個人要計算他的外銷價格，很自然地利用其國內價格爲起點。可是他須記住，有些在國內市場的成本因素，如銷售，廣告和有些管理成本等，應該加以扣除。

一個可以幫助你從事外銷定價的極有用工具，便是利用外銷成本計算卡 (export cost sheet)，如本附錄中所顯示者，爲一例。它可提供你一個簡單而又有條理的方法，去計算並作爲核對表；確保在報價時，沒有忽略了任何成本項目。

成本卡也替你對每一次報價，保留了永久性的記錄，包括輸出項目，交易條件，和運送到國外港口的最有利路線等。如果在某次報價後數個月內又有新定單到來，那麼你只要找出相同路線的成本卡，並核對一下費率和價格。如果沒有改變，就可以利用原有成本卡，不必再從頭計算起。

但是，外銷成本卡並未包括在訂定價格時所應考慮的有形和無形的因素，例如它並不包括基本的和邊際的生產成本，推廣成本，而且

---

*本文譯自 *Getting Started In Export Trade* (Geneva: ITC, GATT/UNCTAD, 1970), pp.131-145.

它亦無法告訴你如何去調整利潤以對抗競爭。所有這些和其他因素，應在決定價策略時予以考慮。

通常你必須在計算個別報價之前，先考慮這些因素，並獲致定價政策；但從另一方面來講，只要對外銷成本卡上的成本項目都有明確的觀念，即可用爲定價和選擇行銷策略的依據。

用以計算 C.I.F. 價格的大部份資料， 都可以從一個優良的貨運公司 (freight forwarder) 處取得。他能協助你選擇最佳船運路線，提供船運費率，港口與管理費，代爲預訂艙位，並填製各種出口文件—除了發票以外。此種公司收費低廉，而且可以預先報價，以供計算成本之用。

雖然通常貨物保險，是以透過保險經紀人 (insurance-agent) 爲主。但如願意，也可以要這貨運公司替你安排。事實上，如果一外銷者已預購保險契約，則必須自己去安排保險事宜。

如果外銷公司位於一海港，且又想拓展外銷貿易，那麼最好不必依賴貨運公司辦理貨物外銷。因如能愈快對各船公司代理人所代理的船公司以及各船隻類型有所瞭解，則可愈快得到報價。最後將能拿起電話就打給最合乎貨運目的地的代理人。

船運代理人對於外銷商可以有極大的幫助。由於貨物分類方式可以決定海運費率，代理人常建議將貨物重新分類，甚至可節省一半運費。例如將「乾麵筋」改爲「百磅裝之家畜飼料」，可以將運費從每噸四〇美元降到二一美元。

但如一公司並非位於港口，或只是偶而從其他港口輸出貨物，那麼貨運公司的服務就極有價值。

爲資說明成本卡的使用，現假設有一個製造商，A,B,C 運動器材公司，其外銷經理在計算一批銷到加拿大卡加立 (Calgary) 的網球拍的 C.I.F. 報價。他首先要從內陸工廠利用河運將貨物運抵一海港，然後再循海路運到加拿大西岸的溫哥華，因此他的報價是 C.I.F. 溫哥華。

（一）重量與容積

在成本卡上端一些空白處，可以填入一些供計算成本的資料：重量或容積單位數，單位毛重，單位容積，每載重噸 (shipping ton) 的單位數。

單位 (Unit) 一對許多散裝貨物，可用簡單的重量單位，如公噸或五十磅（例如貨物以五十磅一包而運送）。其他貨物有的要以平方公尺來做單位，更有的要以一束多少件或一箱多少件為單位。

在這個例子中的 A,B,C 運動器材公司，通常所採的打包方式，不管國內與國外，都是在一箱中裝入十二支網球拍，因此其運送單位是十二支。

毛重 (Gross Weight) 一多數內陸貨物運費是依重量計算的，因此你必須填入每單位毛重。如果海運費和碼頭費的計算，也是依重量，而非體積的話，這項資料也是必須的。(碼頭費通常依船公司計算海運費相同之貨物分類基礎計算的)。A,B,C 運動器材公司的外銷經理知道紙板箱的重量會隨內裝網球拍的大小而不同，因此他秤了許多箱的重量。並加以平均而得每箱 8.1 公斤。

容積 (Cubic Volume) 一如果海運費是依容積而計算，那必須決定每單位貨物的容積。有許多產品的運費，習慣上究依容積或重量計算，是一定的。但有些貨物則不一定，乃依何種計算所得運費為高而定。不過不管怎樣，貨運公司或當地船公司代理商可以立刻告知，一種貨物係依何種基礎計算。

因為對網球拍沒有習慣上的計算方式 A,B,C 運動器材公司的外銷經理在做進一步計算之前，必須知道每單位的容積是多少？一箱的尺寸是71公分×30.5公分×30.5公分。他必須把這些尺寸換算成立方英吋，故利用尺寸換算表，可將公制單位變爲英制單位：查表得28英吋×12 英吋×12 英吋，那麼將它們一乘就得到每紙箱爲 4,032 立方英呎。

每噸單位數——載重噸（Shipping Ton）是依各類貨物的不同而以重量或「等值容積」（Cubic Equivalent）爲計算標準。但各船公司對一噸所允許的容積大小，亦因國而異，多數國家允許40立方英呎等於一噸，但有的則爲50立方英呎。

如果一產品之運費習慣上係依重量計算，則很容易計算每載重噸單位數：只要將船公司所用的噸的種類用每單位毛重去除即可。例如某貨物正好每單位是一公噸，而船公司也用一公噸爲準，那麼每載重噸就是一單位。再舉一個例子：如果一貨物每單位是五〇磅，而載重噸是公噸，那就用 2,200 磅除以 50 磅，得到每噸44單位。（爲簡單起見，小數點以下均不計）。

如以容積爲基礎，計算也一樣容易。先找出與載重噸等值的容積，再用每單位的容積去除就行。

如無一定的計算標準，你必須將重量和容積兩標準都加以計算，比較其結果。視依何種基礎算出的每噸單位數較少一亦即可使船公司收入較多者一就是必須採用的計算方法。

這就是 A,B,C 運動器材公司用以計算每噸單位數所採的方法。首先依重量基準找出每噸多少單位：此即將載重噸 1,000 公斤用每單位毛重 8.1 公斤除，得到每噸 123 箱。再依容積基礎計算：此即將每噸的等值容積（假定在這國家是 50立方英呎或 86,400 立方英吋），依每箱容積（4,032 立方英吋）除，得到每噸 21 箱。因此一數目較依重量基礎計算所得者爲低，故將它記入成本卡的“No. to ton”欄內，作爲進一步計算之依據。

（二）C.I.F. 的計算

一旦決定了有關「重量與容積」，即開始計算 C.I.F. 價格。以下將逐項說明計算步驟:

1. 成本 (cost): 此等於出廠價格 (ex-factory price) 減去利潤。它包括了所有分攤的生產，管理和財務成本。將此一單位成本乘以每載重噸的單位數，即得每噸成本。

2. 利潤 (profit): 所需注意的是，應依基本成本計算利潤；而非在 C.I.F. 內其他各項費用加入後，再計算利潤。

3. 代理商佣金 (agent's commission): 如係利用海外代理商，則應依出廠價格計算應付佣金數額，而非 C.I.F. 價格。這點應讓代理商事先獲知。本例中，所假設的佣金係依出廠價格的 5 %計算而得。

4. 出口、交易、其他稅捐: 本例中係假定有百分之十之交易稅，乃依出廠價格課征。

5. 特殊標籤，容器 (special labelling, containers): 有些進口國家規定進口貨物，必須利用標籤或印記，表明產地國家。標籤所用文字，有的國家規定必須採用本國文字；有的國家並未規定，不過仍以採用爲宜。還有些國家要求進口貨物使用特別尺寸的罐裝，或容器。諸如這些規定，你可以向你的海外代理商，其他和該地地區有接觸的商業機構，本國政府駐在該國的商務代表，或該國駐在本國的商務代表查詢。許多國家認爲貿易乃是雙方互惠的事，因此指令他們的駐外代表儘可能提供協助。如果因任何特殊標籤或包裝所增費用，也必須將它們計入成本。

6. 打包: 出口打包費用可能在整個成本中占相當比例。如該項外銷貨物的打包已經標準化，則事先知道其成本是多少，並非難事。例如香料協會 (Spice Association) 會員要求用雙重黃蔴袋包裝。但如你的貨物尚無標準化打包方式，則你必須依照能給予貨物以足夠之保護之原則下，選擇成本最低者。在設計時，你必須考慮貨物運送所經路線，以及途中之搬運狀況。

以 A,B,C 運動器材公司的網球拍而言，由於網球拍上的線不能受潮濕，而在途中却有可能由於海浪或船艙內的蒸汽凝結而造成損害。爲避免這一點，外銷經理從過去經驗中知道，每支球拍必須用厚蠟紙嚴密包紮。再就是外銷紙箱本身，也要用同樣的厚蠟紙包裹。因爲紙箱成本已列入基本成本中，故此處只要計入蠟紙成本即可。惟須注意者，應將每單位的成本換算成每噸成本。

7. 嘜頭：這包括所有包裝或紙箱上所必須印上的外銷標記，以便船公司人員辨認之用。雖然嘜頭所費有限，但仍應列入成本考慮。

8. 捆紮時常有必要使用鋼帶將貨物捆紮結實，以增强紙箱，防止箱內東西散失，減少偸盜。此項成本亦應記入。A,B,C 運動器材公司採用三個紙箱一捆，故七捆恰爲一噸。

9. 運抵集貨場費用：如須雇用運輸公司，應先設法得知確實費用。如係自己負責運送貨物到車站，碼頭或機場，也要算出正確的費用數目，不可任意猜測。

10. 運抵海港費用：儘管你的貨物可能依船公司規定以容積計算運費，但在國內運輸時，幾乎所有貨物都是以重量計算的。在本例中，假定沿河運抵海港費用是依每公斤一盧比（Rupee）計算，故二一箱共重 170.1 公斤，其運費爲 170.1 盧比。

11. 卸貨費：當河船將貨物運抵預定的港口碼頭時，尙須一筆卸貨費用，應計入成本。此時又是依重量計價的。

12. 延滯費（demurage）：這筆特殊費用在 A,B,C 運動器材公司並未發生，但在鐵路運輸時却非常重要。當鐵路車箱的貨物運抵目的站時，如果不能在所允許的免費時間內將貨物卸下，將須負擔延滯費。而鐵路公司會告知免費時間有多長。再就是你的貨物無法恰在裝船前運到，而運抵過早，這時爲減低延滯費用，可以將貨物卸到收費較低廉的碼頭棚場去。尤其是冷凍貨物應儘量將時間安排得當，可以將貨物由冷凍車裏直接裝入船上的冷凍艙，以減少冷藏費用。

13. 碼頭費用：這是碼頭當局所收取的管理和搬運貨物上船的費用，通常包括了小部份的港口稅，以供港口當局維護港口之用。如果你的貨物是依重量計算運費，碼頭公司也用重量計算；如果海運公司以容積計算費用，他們也用容積計算。不過並不一定如此，故應向可能使用之碼頭或貨運代理商洽詢，並應在成本卡第十三項中勾記所運用之計價基礎，以資備忘。

14. 特長或特重貨物裝運費：如果你的貨物超過一定長度，或運輸如鋼樑等特重的貨物，你可能被課徵特長或特重物品裝運費。當然在多數情況下的運送並不發生此項費用，但如遇到這種情況，要查問清楚碼頭及船上有無足以處理此些貨物的設備。

15. 其他費用 :因爲在表上不可能列出所有的可能費用，故當你的產品需要特別的照顧或設備時，應列入這一項目，以便計算成本。例如魚油在等候實驗室的檢驗證明的四八小時內，必須租用特殊的油箱貯存，這一項租金，卽屬於其他費用，此外，在一國家中還可能有許多費用，未列入本例子中，均應一一列入。又如越洋電話或電報費超額部份，也可列爲其他費用。

16. 領事簽證費用：若干拉丁美洲及其他國家規定有此項費用，可向委託之貨運代理商查詢。

17. 海運費：如係僱用有貨運公司，則在其協助下，可確實核對所有的運送路線和方法，以發掘一條最迅速直接而又費用最低廉的路線。惟應注意者，於預先取得費率時，應查詢有無最低數量的規定，及對於大量貨運的優待辦法，如所謂滿載 (carload) 費率。

通常海運有 200 到 250 公斤的最低運量的規定，如低於此數，仍會被課以此數量的費用。通常，一種新產品或新開發市場的定單量都相當小，因此向新顧客報價時，要註明最低之購量之限制。

例如 A,B,C 運動器材公司的外銷經理經查詢後，知道所運送的貨物係依容積計算費用，而且要裝在甲板下的船艙，其最小裝載數量爲十立方英尺卽五分之一立方噸。他又知道21箱正好一立方噸，這使得最小的運送量爲四箱。可是 A,B,C 運動器材公司採用了三箱一捆，故最低運送量爲六箱或二捆。

在本例中的海運運費是以加拿大貨幣爲報價單位的，但因爲到現在爲止，所有的計算都是用出口國家的貨幣，故 A,B,C 運動器材公司的外銷經理尚須將運費也換算爲盧比單位。

18. 貨運代理商費用：本項費用乃依運送貨物價值爲計算標準。貨運代理商可以先提供一大略數目，以供計算。故如果預期將係一大批定購，可略爲增加此項費用。不過如此所增加的費用，對於大額定單以及因此所獲的較高利潤來說，是可以負擔的。

19. 總數：將上列各項數目相加，卽可獲得一以本國貨幣表示之總數。

20. 貸款或退稅扣減 (credit or rebate deduction)：如果你自政府獲得外銷貸款或退稅，可自上額中減去，以獲得淨額。

21. 以本國貨幣表示之淨額(net amount in your currency)。

22. 海上保險費 (marine insurance)：首先在保險代理人之協助下，選擇條件最適合你的貨物的保險。A,B,C 運動器材公司所投保者，係屬「一切險」(All Risk Insurance)，另加保貨物運抵加拿大內陸購買者庫房前之「倉庫到倉庫險」，及加保戰爭、罷工、暴動險。保險率爲貨價之1％。習慣上，投保水險及貨物險不管那一種。都是依貨物 C.I.F. 價值之 110％投保。

23. 財務費用 (financing charge)：如果售者係以信用方式出售

貨物，在進口商付淸滙票，並轉入外銷者銀行帳戶以前，後者資金等於被凍結於此筆交易上。目前多數出口商都依估計中需要等待的時間，算以 7 %的費用。

24. 出口信用保險 (export credits insurance)：如有這種保險存在，則除預付貨款和利用信用狀購買交易外，均可適用。保險費亦須計入成本。

25. 以本國貨幣計算的 C.I.F. 價格 (C.I.F. in your currency)：將前列 21 到 24 項總加卽得。

26. C.I.F. 報價 (C.I.F. quotation price)：將 C.I.F. 價格換算成所要報價國家的貨幣單位。你的來往銀行可以供給確切的兌換率。美金與英磅爲世界貿易的主要貨幣。如果你的來往銀行告知，所擬報價國家對本國的貨幣可以自由兌換，而且本國又無限制，則可自由使用輸入國貨幣報價。如果來往銀行無此資料，則國外購買者，國外代理商或外國政府在本國的代表都能告知，可用何種貨幣報價。

當報價之後，獲得實際定單，如想減少兌換上之問題，可以以極低的費用向銀行購買外滙保值基金 (forward funds)，由這家銀行保證依一定之兌換率，將外幣兌換成本國貨幣。

(三) 報價 (quoting)

你已獲知本身貨物運抵外國港口之每噸 C.I.F. 價格。在未採更進一步行動前，可再回到成本卡的上端，重新檢查每項計算，或要公司內其他人幫助檢查。任何一個錯誤或者一個數目字的位置移動，都可能導致嚴重後果。

當確信所獲得之最後數字皆屬正確，即可將每噸的 C. I. F. 價格換算爲每單位 C.I.F. 價格，以供報價之用。

如本例中，每一紙箱是一打裝球拍，將每噸 C.I.F. 價格 (1,007.37 加幣) 除以每噸的紙箱數21，外銷經理得到了每打網球拍的 C.I.F. 價格爲 47.97 加幣。

如果報價係用電報拍發，則可將電報副本打在成本卡下部；如係用航空寄出，也要留一張副本，以保持一套完整的資料，以備隨時查閱。

如果產品具有季節性，或在報價時正遇上缺貨，則應在電報或信上註明，俾可解除報價者責任，並可能保持良好商譽。

藉由利用上述成本卡，逐項計算，再加上覆查每個計算。最後，將可放心，此一 C.I.F. 報價應屬正確。

EXPORT COSTING SHEET

Date:21, February 1969

Quoted to: Calgary Sports Address: Box 214, Calgary Cable address: CALSPORT Unit: 12 rackets Gross weight: 8.1 Kg Cubic: 4032 ins No. to "ton":21

1. A. Cost of unit 251.90
   B. Cost of one "ton" ······························ Rs 5,290.00
2. Profit 10% & amount ······························ 529.00
3. Overseas agent's commission ······ Not applicable
4. Export, turnover, or other tax 10% ······························ 581.90
5. Special labels, labelling, containers ······ Not applicable
6. Packing ······ Individual wrapping and wrap cartons Rs 12 x 21 ······························ 252.00
7. Maring ······ Per c/s Rs 0.50 21c/s ······························ 10. 50
8. Strapping or bundling ······ Rs2 per bundle of 3 c/s 7 bundles ······························ 14.00
9. Hauling to goods yard, (Rs2 per bundle ······
   (river boat, wharf, or other ······ 7 bundles ······························ 14.00
10. Freight to seaboard. Route & Carrier River Freight Co.
    Minumum B/L 50 Kg Reduced rate for:
    Freight to seaboard per "ton" 21 c/s each 8.1 Kg=170.1 Kg
    at Rs 1 per Kg ······························ 170.10
11. Unloadinrge charge RS 20 Per 100 Kg. Amount per "ton" ······ 34.02
12. Demurrage, cold storage, similar charges per "ton" ······ Not applicable
13. Terminals. Check one: Weight_____ Measure X . Amount per "ton" ······························ 20.00
14. Long load or heavy loading charge ······ Not applicable ······ _____
15. Other charges (list) ··· ······ _____
16. Consular invoices ······ _____
17. Ocean freight. Check one: Weight___ Measure X On Deck— Under Deck X Ventilated________

Minimum Shipment for B/L 10 cu ft

Rate per "ton" $40.00

Currency CDN Amount ………………… Rs 266.66

18. Forwarding agent's fee ………………… 40.42

19. Total in your currency ………………… 7,222.60

Not applicable

20. Deduct export credit or rebate…………………

21. Net amount in your currency ………………… 7,222.60

22. Marine insurance: (a) Value of "ton" (item 21) 7,222.60

(b) Plus 10% of value 722.00

(c) Amount to be insured 7,944.00

Type: A. R. Warehouse & W. S. C. C. Rate 1% Premium in your currency………………… 79.44

23. Financing charge (for credit sales) …………………

24. Export credit insurance …………………

25. C. I. F. in your currency (Add 21, 22, 23, 24) ………………… 7,302.04

Canadian

26. Convert to U. S., Sterling or other currency………………… $1,007.37

for 21 c/s each 12 rackets per c/s $ 47.97

QUOTED (Copy of cable or airmail letter)

LT CALSPORT CALGARY: TENNIS RACKETS PER SAMPLE ASSORTED WEIGHTS $47.97 DOZEN CANADIAN C. I. F. VANCOUVER ALL RISKS WAREHOUSE CLAUSE STOP SIXTY DAY CREDIT STOP MINIMUM SIX DOZEN WRITING

ABCSPORT

第十章

國際推銷與廣告

僅僅推出產品於市場是不夠的，還要能引起可能顧客的注意、興趣、好感以及最後的購買。在一購買者市場 (buyer's market) 中，有賴銷售者主動有效地將有關產品或銷售者之信息 (message) 送達可能顧客，這是屬於一種「溝通」(communication) 的功能，也代表一般所謂「推銷」(Promotion) 的本質。

第一節　推銷之基本溝通理論及問題

自上述意義言，推銷之基本意義不因國家而異，皆爲將有關情報及訴求 (appeals) 有效地溝通予目標對象 (target audience)。這一程序可利用下圖予以說明 (註1)：

圖 10-1　基本溝通程序

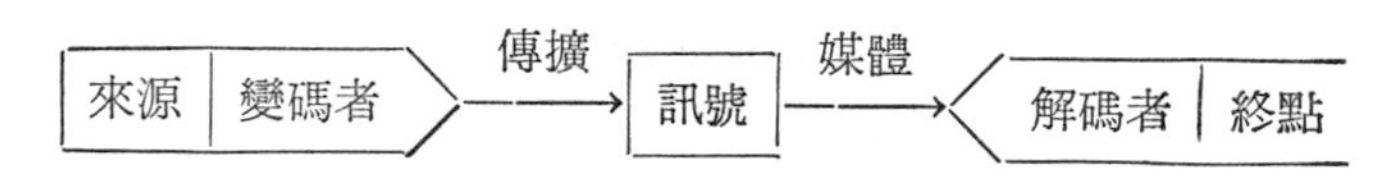

在這基本溝通系統中所包括的要素計有：來源 (source)、信息 (message) 及終點 (destination)。來源可能是一個人或一機構；前者如推銷員，後者如報紙或電視公司。信息可能採取各種形態，例如文

註1　Wilbur Schram, "How Communication Works," in Wilbur Schram (ed.), *The Process and Effects of Mass Communication* (Urbana, Ill.: Univ. of Illinois Press, 1955), pp. 3-26.

字（直接郵件之類）、語言（廣播之類）、圖案畫面（電視或雜誌廣告之類）以及其他訊號（signals）。終點可能某個人或一群人，例如閱讀直接郵件、收看某電視節目觀衆之類。

如何將所欲溝通之信息表現爲某種訊號之過程，在此稱爲「變碼」(encoding)，而這種訊號經由某種傳播媒體送達終點時，接受者乃將這訊息與他習慣上之思想模式加以比較關聯，這一過程稱爲「解碼」(decoding)。溝通是否有效，卽常基於發送者與接受者對於所傳播之訊號是否具有相同之瞭解。如果對於前者代表某種信息之訊號，而爲後者產生不同之信息，此一溝通過程卽有問題，因此發送者爲保證其溝通效能，有賴建立「回送」(feedback) 機制以資獲知接受者所瞭解之意義。

依這種基本理論，爲達成有效之溝通，發送者應能瞭解接受者對於各種訊號所可能產生之「解碼」反應；而這種反應每受其需要、動機作用、文化背景及經驗之類因素之影響，因此在國際行銷上，大大增加了溝通-或推銷-之複雜性。

擧個例說，像飲料廣告中所要傳播之信息，僅是說：這種飲料可以解渴；是不够的，如果是這樣，那麼也許對於各種民族大致都可產生相同的意義。可是，事實上，飲料廣告常訴之於某種程度的社會交往（Social interaction）的動機。爲了要表現這種信息，在美國廣告中所經常採取之訊號，爲青年男女在海灘嬉戲，或以高速駕駛敞蓬汽車，代表一種快樂刺激的場合。由於一般美國消費者都曾經有過這種親身體驗，所以只要看到這種畫面，就可感受它們所代表的信息。

可是將這同樣畫面用之於印度市場上，會產生怎樣的效果呢？由於他們缺乏類似經驗，不但不容易產生相同的感受，反而會覺得十分隔閡，或甚至反感。

除此以外，還有一項基本困難，此卽在國際推銷中所利用的媒體

(media) 問題。有時，在某一些市場中無法尋到適當的媒體，用以傳播某種信息予特定之目標顧客；有時，不知道在什麼時間進行傳播，可以獲得最大效果。這些問題都是國際行銷者所企圖加以解決的。

一項基本問題：標準化？個別化？或國際化？

由於上述考慮，多年以來，一般認爲：推銷活動（尤其廣告）應配合每一個別市場之情況。不但由於不同市場中之消費者使用不同語言文字，而且所信仰之宗敎、哲學和傳統觀念亦不同。再進而看他們之間的家庭結構、兒童敎養方式、親族關係，也有顯著差別。加上種種其他環境差異，使得他們對於特定產品及服務之需要狀況與動機等都不同，因此所使用之推銷訴求、表現方式以及媒體等也要不同。

但是近年來，這個「個別化」觀點逐漸失去影響作用。例如一瑞典廣告界人士卽曾說過：「爲什麼一定要三個不同國家中的三位藝術人員都坐下來，繪製同一種電熨斗，三位文稿作家爲這個相同熨斗寫作幾乎是相同的文稿呢（註2）？」他們認爲，有許多時候，不同市場中所使用的廣告，在訴求、挿圖以及其他方面都可以標準化；因爲這些市場中的消費者根本是極相似的。例如前稱之 ESSO 石油公司所推出之「將猛虎置於你的油箱中」廣告運動，卽曾照原意直譯爲德文、荷文、法文及意文；不過在後兩種文字中由於沒有「tank」（油箱）之直譯，乃改用（motor）以爲代替，這一運動獲致顯著成功，可見推銷標準化並不妨害其在各市場中所產生之效果。

不過這並不代表推銷活動可以不顧及各地情況之差異，而是說，絕對的個別化和絕對的標準化推銷方式都是不正確的，主要視各市場消費者之動機作用模式以及產品性質而定。

註2 Eric Elinder, "International Advertisers Must Devise Universal Ads, Dump Separate National Ones, Swedish Adman Aver" *Advertising Age* (Nov. 27, 1961), p. 91.

先就產品性質言，有些價格低廉之非耐久性消費品，訴之於基本需要，例如可口可樂之類，擁有極廣大之市場，故可採用相同推銷訴求於不同市場而不顧慮其間差異。但是幾乎所有耐久性消費品，均不能採則這種方便做法(註3)。

關鍵在於人們購買此種產品之理由是否相同。如係相同，爲何不可利用相同訴求或信息以刺激其反應？這種將可大大節省推銷成本，爲何樂而不爲？尤其今後以下幾點趨勢都有助於推銷一致化之發展:

第一、由於國家與國家之間之經濟合作、電信交通，以及旅遊商務之來往，使其間差異大爲減少。

第二、由於年青一代之成長，自成一超越國界之市場，使得語言文字、傳統習俗所造成之鴻溝大爲減低。

第三、由於多國公司之出現，感覺有將其各地推銷及廣告，加以協調控制之必要，亦助長上述趨勢。

因此，爲提供國際行銷者以規劃其推銷及廣告活動之基礎，以下將就國際市場中各方面之環境性因素分別加以說明。

第二節　國際推銷環境

(一)世界廣告活動之成長及分配狀況

依估計，1964年中，世界上自由國家之全部廣告支出超過230億美元，其中有91％係屬於14個工業化國家，而美國佔了60％以上(註5)。

註3　John K. Lyons, Jr., "Is It Too Soon to Put A Tiger in Every Tank?" *Columbia Journal of World Business*, Vol. 4, No. 2 (March-April, 1969) p. 72.

註4　Albert Stridsberg, "Coordinated Variety Spells Success in Today's International Campaigns", *Advertising Age* (June 17, 1968), pp. 104-108.

註5　*Advertising Investments Around the World* (N.Y.: International Advertising Association, 1965)

不過僅僅知道總數是沒有多大意義的，而應和一國其他經濟活動指標相比較，才可獲得進一步的瞭解。

如以一國人口及國民生產毛額（GNP）做為衡量基礎，則在美、西德、英、日等十三個國家中，廣告活動量之相對水準如下表所示:

表 10-1 世界主要國家廣告活動水準

國家	廣告量(億美元)		1968人口	1968GNP	相對廣告活動水準	
	1970	1968	（百萬）	（億美元）	佔GNP(%)	平均個人(美元)
美國	205.0	183.5	200	8.300	2.21	$92.0
西德	29.0	21.5	60	1,270	1.69	36.0
英國	21.0	17.0	56	1,160	1.47	30.0
日本	20.0	14.8	100	1,230	1.20	14.0
加拿大	11.0	9.0	21	610	1.48	43.0
法國	11.0	8.9	50	1,210	.73	18.0
意大利	6.5	5.5	53	710	.77	10.0
瑞典	4.9	4.2	8	270	1.55	52.0
瑞士	4.6	4.1	6	170	2.38	67.5
奧地利	4.6	3.9	12	280	1.37	32.0
荷蘭	4.2	2.9	13	240	1.19	22.0
西班牙	3.2	2.8	33	280	.99	8.0
墨西哥	3.2	2.4	47	260	.92	5.0

（資料來源: Cateora and Hess, *op. cit.* p. 715.）

上表中，各國廣告量佔 GNP 之百分比，自瑞士之2.38%至法國之0.73%不等；而平均個人廣告量則自美國最高之92美元至墨西哥之5元不等。學者認為，基本上這和一國所得水準有關；在於低所得國家，廣告支出一般大約佔國民所得之1%上下，而高所得國家則可高達3%之上限。這一最後數字——3%——頗具意義，因以美國而言，自1955年以來，廣告支出大致停留在國民所得2.8%左右，未再隨同國民所得增加而增加，學者遂認為3％大致為一飽和水準（註6）。

不過，廣告活動水準和一國經濟發展雖有關係，但後一因素並非唯一決定因素，蓋可斷言。例如法國之廣告活動水準，依經濟發展標準，顯著偏低，僅及英德一半或不及。此一紛歧現象又如何加以解釋？

歸納言之，這原因是多方面的：第一，不同市場中對於溝通（廣告）之需要情況不同；第二，各國文化中對於廣告推銷之態度不同，亦有影響；第三，各國政府對於廣告推銷所持立場亦有重大差異，表現為種種法令或租稅規定，亦影響廣告之發展；最後，一市場中是否存在有可用之推銷設備，如媒體機構之類，亦有關係。現分別說明於次。

（二）行銷溝通之需要

在較原始社會中，生產規模有限，供應市場範圍狹小，生產者與消費者常可保持直接與密切之接觸；同時，產品較為單純，可加觀察與判斷其品質，所以對於行銷溝通之需要不大。但在所得較高國家，購買者之任意性所得增加，對於產品有選購機會，這時，推銷的任務為吸引他們注意並加說服；尤其生產者與銷售者之間，隔有層層中間商，廠商亦賴建立直接溝通途徑以保持對市場的控制。

等到推銷活動水準普遍增高後，市場中充斥各種信息或訊號，以致形成噪音（noise），影響每一種訊息被接受之可能性及效果。廠商遂不得不更增加其推銷活動，以求在噪音干擾下，仍然具有足夠的清晰和力量，使推銷又增加了一層新的需要。

不同國家中之廠商，也可能對於廣告持有不同看法。譬如在美國，廣告乃做為行銷組合中的一項手段，配合其他行銷手段做整體規劃及利用。但在其他國家，可能主要依賴人員推銷或中間商推介，而

註6　John Fayerweather, *International Marketing*, 2nd ed. (Englewood Cliffs, N.J.: Prentice-Hall, 1970), pp. 81-82.

視廣告爲一種公共關係活動。又對於美國廠商，廣告可視爲一種投資，而在其他國家只是一種消費支出。例如一法國廣告業者說，在法國「人們不相信廣告…認爲是不過花錢玩意而已，而不認爲投資。…法國人屬於傳統主義者，許多企業都是家族所有，以小規模經營，他們寧可將其收入投資於房屋而非廣告（註7）。」

（三）社會態度

在歐洲，人們對於推銷的態度一般還是傳統的觀念：好的產品用不着推銷。因此一廠商大量積極推銷，反會引起猜疑，所推銷的產品可能是有問題的。在社會中，從事推銷和廣告人員常被輕視，認爲所擔任的不是一種高尙的工作。

這種態度也普遍存在於許多開發中國家，例如在智利，電視乃爲大學控制，而大學又爲天主教會所控制，因此對於商業廣告是不歡迎的。教會領袖曾公開宣稱，廣告將有損於智利人民所信仰的價値觀念（註8）。

如前所稱，在許多國家，廣告被認爲是一種經濟上的浪費，必須加以抑制。諸如此類態度因素，對於當地推銷活動水準，都產生重大限制作用。

（四）語言文字限制

語言文字問題構成國際推銷和溝通上一大阻礙。首先，在有些國家，文盲率高達70％或80％，使得文字溝通大受限制。其次，有一些國家中，同時流行有幾種文字或語言，使得沒有任何一種可用於全國性溝通目的；最顯著者，如瑞士國土內，有德、法、義三種文字。而小如以色列，據說其國民中竟使用有50種左右之語言。

卽使是相同文字，也常隨地區而不同意義。例如西班牙所使用的

註7　*Advertising* Age (April 11, 1966), p. 42.

註8　*The Advertising Agency Business Around the World* (N.Y.: American Association of Advertising Agencies, 1967), p. 41.

西班牙文，和南美各國所使用的西班牙文，即有許多差異。何況將不同文字予以翻譯。所遭遇的困難更是普遍。採用直譯方式，有時不但鬧笑話，而且完全破壞推銷效果(註9)。

甚至發音也發生問題，例如 Wrigley 公司所出品的 Spearmint 牌口香糖，在德國必須改爲 Speermint 後才能銷出去。這是一企業在選擇一行銷國際市場之產品品牌時所必須注意的。

(五)政治及法律因素

由於各國對於推銷或廣告所普遍持着之態度不同，自然反映於其對於此種活動之管制或規定上面。依 Miracle 及 Albaum 兩教授之分析，有以下幾方面之影響:

第一　對於廣告支出之限制

像印度政府在 1965 年春季，對於所有公司行號，其廣告支出超過 $10,000 美元者，課征一種 50% 稅額，希望能藉此限制每一公司之年度廣告費在 $10,000 以下。後來由於所將造成之失業問題，這一辦法被撤銷。但至年底前，辦法改變爲，只允許最高達銷售額 4 %之廣告費可以承認爲計算所得稅應繳額中之正式營業費用。也希望藉此對於公司廣告支出有所限制。

甚至如英國政府，亦曾於 1966 年由 British Monopolies Commission 直接要求若干公司——Unilever, Proctor & Gamble, Kodak——減低售價。其理由爲，在其現行零售價格中有25%左右係屬廠商推銷費用，廠商可藉由減少此種推銷支出以減低售價，減輕消費者負擔(註10)。

第二　對於廣告內容之管制

註9 Leslie L. Lewis "Translation and Transliteration Problems and Pitfalls," in *The Dartnell International Trade Handbook* (Chicago: The Dartnell Corp., 1963), pp. 945-947.

註10 "Unilever, Proctor and Gamble Unit Accused of Excessive Detergent Prices in Britain," *Wall Street Journal* (Aug. 11, 1966), p. 5.

許多國家對於廣告內容及表現方式等以不同方式予以限制。例如在德國，和競爭品比較的廣告是被禁止的；一公司不能在廣告中說，其產品比其他產品爲佳之類。

還有一些產品的廣告將特別受到限制或禁止。例如英國和美國禁止香煙之電視廣告，意大利則禁止一切香煙廣告。哥倫比亞規定酒類之電台廣告必須先經交通部批准，並繳納一定稅款後才可播放。

有些國家限制國外製作之廣告作品，例如在哥斯達黎加，國外製作之廣告不得超出廣播及電視廣告全部一半。在泰國，則禁止所有成藥使用廣告方式。一般而言，對於限制廣告內容之發展趨勢在於兩方面：一是有關生命健康及社會福利之產品廣告，一是有關欺騙性或不實廣告之取締方面。學者認爲，對於所有廣告，不分靑紅皂白，一律予以禁止，對於消費者選擇自由及經濟資源調配，反有不利影響。

第三　對於廣告媒體之管制

此即對於廣告能否利用大衆傳播媒體以及利用之程度，採取不同的立場。在北歐諸國，如丹麥、挪威及瑞典等，並無商業性廣播或電視存在。在有些國家，只允許有限度之廣告，例如挿播，但不許提供整個節目。像在西德，只許在下午6時15分至8時一段時間加播廣告；在荷蘭每週只許可127分鐘廣告。法國在1968年10月1日起才有商業電視台，但在1969年時每天只許可有4分鐘廣告時間。

接受管制的媒體不限於廣播及電視，亦包括報紙或路牌之類。譬如在一些國家，利用路牌廣告必須先經政府批准。

第四　對於廣告支出之課稅

有許多國家對於商業廣告支出，或有關廣告事業，課征捐稅。例如在意大利，對報紙廣告課征4％的稅，廣播及電視廣告15％，影院及贈獎10％，戶外廣告10—12％。又如在奧地利，對電視及印刷廣告均課征10％，廣播及影院廣告則課征0—30％的稅，隨地點而定。此外，像在巴西、哥倫比亞、希臘、伊拉克、秘魯、菲律賓、葡萄牙等國，對於各種廣告支出，也課征不等的稅。

(六)推銷媒體及製作廣告設備

由於推銷活動不是完全由推銷者所能控制的，他必須依賴當時市場中各種服務性或支援性之機構或設備，然後才能將其推銷計劃付諸實行。因此在一國際行銷者進行規劃其推銷活動前，應先瞭解所能利用之國際推銷媒體及服務設備。在此亦以廣告方面爲主，加以討論。

先就媒體結構而言，大致可分爲兩大類：一爲國際性媒體，亦即其流通、傳播範圍超過一國以上，例如美國的生活（現已停刊）、新聞週刊、讀者文摘、時代雜誌，以及在美加鄰州和歐洲各國的電視、廣播，都具備有這種性質。另一爲外國媒體，此即屬於外國之國內傳播媒體，此類媒體之組合模式，常隨國家而異，受當地文化、社會、經濟以及政治因素之影響，在此不擬詳述。

利用媒體之價格也是各國不同，根據一項研究，在十一個西歐國家中，利用一般性雜誌之代價，每一千發行數之每頁平均價格，最高爲意大利：$5.91，最低爲比利時：$1.58。而報紙廣告價格也有同樣情形，以每一千發行數之平均全頁費率爲準(包括稅金在內)，有巴哈馬之 $58.22、烏干達之 $33.93，至英國之 $4.16，西班牙之 $3.84 不等(註11)。雖然這只代表平均費率，但可表示各國媒體廣告費率水準之紛歧。

廠商利用大衆傳播媒體播送廣告，乃爲了將廣告信息送達某些特定對象，因此一媒體之廣告效能如何，乃取決於其送達之對象中，有多少係屬此類特定對象；否則儘管其讀者或聽（觀）象再多，亦屬無用。在這方面，各國媒體之溝通效能相差亦大。一般所遭遇的困難有

註11 *Newspaper International* (Skokie, Ill.: National Register Publishing Co., 1970)

兩方面：一是某些地區或消費對象，無法利用傳播媒體接觸；另一是：即使可發現有此等媒體，但同時亦涵蓋了許多非目標對象，或者必須利用甚多種媒體，這都造成了推銷上的浪費。

隱藏在這些困難背後的，還有一項基本問題，此即在大部份地區，根本缺乏有關媒體讀者或聽（觀）衆之資料。有時，即使有之，常難免誇大。現有資料中較著名者，一是美國的 Standard Rate and Data Service，在世界各大都市——倫敦、巴黎、法蘭克福——所設分公司所發表者；一是紐約的 International Media Guide，提供世界上各主要國家之主要廣告媒體之費率及有關資料。

第三節　國際推銷計劃之擬訂

在國際市場上從事溝通工作，有許多媒體或工具可用，但要使它們發揮較大效果，其使用必須經過規劃、協調與結合，而構成一個完整之「推銷組合」(Promotional Mix)。就這基本意義言，國際推銷和國內推銷是相同的。

國際推銷活動可包括廣告、人員推銷、商展、信函、贈獎、公共關係等等，其結合利用，要建立在共同目標及一定策略之上。現分別就此種計劃之擬訂說明於次。

(一)推銷目標

推銷目標自應配合公司整個國際行銷目標。由於國際行銷目標可能有國際性和個別市場兩階層，推銷目標也可以從這兩階層加以考慮。例如公司希望在各市場中建立起一種普遍的良好信譽或印象，即屬前一階層之目標；而在這一國際性推銷目標之下，公司可能授權各市場負責管理人員，根據當地顧客之情報需要，設計其地方性推銷目標。像這種兩層目標間之配合協調，構成公司建立推銷組織時之一項基本考慮。

在一具有多種產品線的公司，推銷目標中亦應包括有推銷那種產品線之決策。這一決策可能隨所考慮之階層而有不同，譬如在總公司立場，推出某種新產品於若干市場，但在某一特定市場却擬推銷另一產品，這也有賴於組織間之協調配合。

無論如何，目標之訂定應儘可能使之具體化。例如：(1) 告知顧客有關本產品經久耐用之特性；(2) 顯示本產品滿足某種需要之特殊效能；或 (3) 創造公司供應準確可靠之印象之類。

(二)推銷策略

選擇推銷策略時，有一項基本考慮，此即應採「推」(push) 或「拉」(pull) 的策略。所謂「推」的策略，此即經由中間商在購買點將產品推銷給顧客，而對於顧客，並未進行一種「預售」(preselling) 的工作。而所謂「拉」的策略，此即在顧客未到達購買點前，即先下「預售」功夫，使他們可以到購買點指名選購。當然，實際情況將不至於如此極端，但這一重點之決定，對於選擇推銷組合，甚有幫助。因爲一般而言，推的策略較依賴人員推銷及購買點推銷 (P.O.P. selling)，而拉的策略較依賴大衆廣告之推銷方法。

以廣告策略言，必須建立在市場分析之基礎上。以期解答種種策略問題：例如選擇產品那方面之用途做爲推銷主題？選擇那一部份市場做爲推銷目標？選擇怎樣推銷信息予以强調？選擇何種媒體以傳播所選擇之信息？怎樣安排廣告時間俾可產生最大效果？以某種飲料爲例，一廣告主即可選擇下圖中所表示之廣告策略 (註12)：

註12 *Advertising Age* (June 17, 1968), p. 108.

圖 10-2　廣告策略例示：飲料品

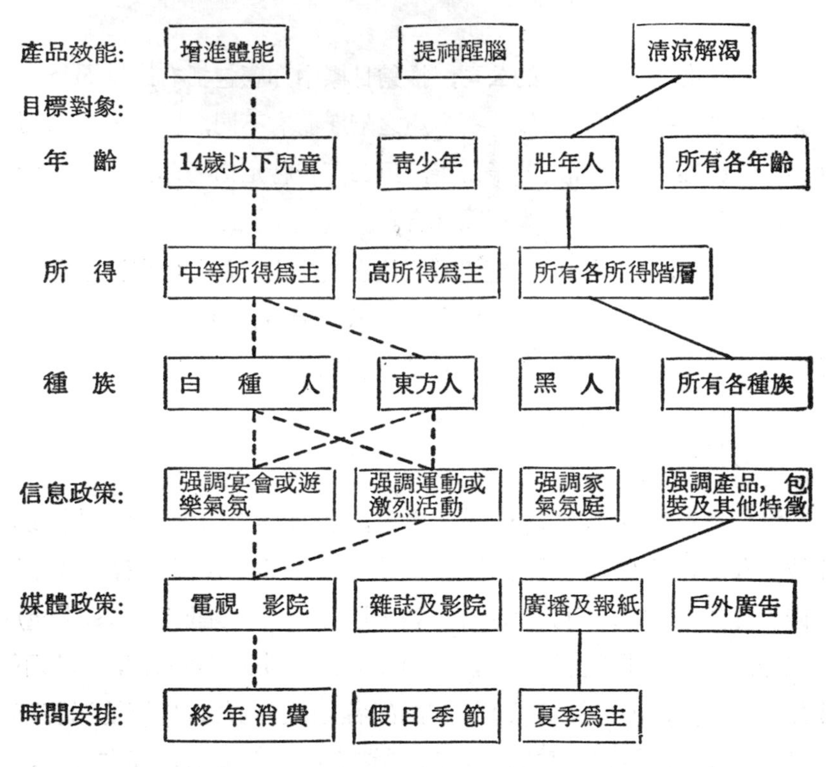

人員推銷係指利用推銷人員和可能顧客直接溝通，故如所負任務僅僅取得定單而已，則不能稱爲人員推銷(註13)。一國際行銷者所需要之人員推銷類型和程度，和其選擇之分配通路具有密切關係：如果其分配係依賴國外市場中之經銷商或代理商，則一般當地的人員推銷工作也交由後者擔任；反之，如所採的爲直接通路——例如經由國外分公司或直接銷予最後用戶——則有關人員推銷工作也要由本身負責。因此，工業品外銷時，利用人員推銷之機會較消費品爲多。

註13　Franklin R. Root, *Strategic Planning for Export Marketing*, 2nd ed. (Scranton, Pa.: International Textbook Co., 1966), p. 100.

有關人員推銷策略，涉及所需要之推銷人員數目、銷售區域之劃分、銷售配額之決定、銷售訓練、銷售訴求等決策。規劃者應根據有關市場因素（可能銷量、顧客分佈、產品性質）及成本負擔，予以決定。有時爲加强經銷商之人員推銷工作，由外銷者派出人員加以協助，例如傳敎士型推銷員（missionary salesmen）或技術專家之類。而爲了和經銷商以及當地市場保持經常聯繫，人員定期訪問常屬不可少之安排，有關此點留待後文再加說明。

爲配合廣告或人員推銷之不足，或爲加强其效果，有時還可採取促銷（sales promotion）活動，例如參加商展、擧辦表演、示範、競賽、贈送樣品之類活動。它們通常是短期性質，且爲達成一具體目標而設計的。有關參加商展之意義及功能亦將於後文中論及。

一行銷者設計其國際推銷計劃，即係根據所欲達成之目標以及所選擇之策略，分別就各種推銷方法（廣告、人員推銷、促銷等）擬訂具體計劃，並估計所需費用，提出推銷預算。如果這預算數目及構成係合乎公司基本政策或策略，即可獲得批准實施；否則，除非有强有力理由加以支持外，恐需加修改以資配合。

（三）規劃責任

對於推銷計劃之規劃，可以採以下幾種組織方式：（1）由總公司人員負責，（2）由總公司及分支機構共同負責，或（3）由當地人員負責。如係第一種方式，應能容許當地人員予以相當程度之調整，俾可配合地方情況；如係第二或三種方式，則公司政策可能在兩極端之間：一方面爲所擬訂之計劃必須經過總公司之詳細審核及批准；另一方面則爲由當地人員自主決定。

雖然各市場中負責人員對於當地情況較總公司爲瞭解，但這並不表示，總公司可以對於推銷計劃放手不管。第一，爲保證該推銷計劃之地方性目標或策略，能夠配合公司之國際性推銷目標或策略，總公司人員負有指導及協調之責任。第二、由於總公司所擁有之豐富經驗及專家，每可提供各市場人員以技術上之協助。第三、總公司還可做爲各地區分支機構間之情報交換中心，使其間有關最新發展及新觀念可藉之達到互相交流之效果。因此近年以來的趨勢，總公司乃積極參與各地方機構之推銷規劃（註14）。後者在總公司指導下，對於選擇推銷媒體及具體廣告信息之表現方式，負有較大責任。

第四節 廣告公司之選擇與利用

從事國際廣告時，常需利用廣告公司（advertising agency）所提供之服務，而利用之方式和上述規劃責任之分配具有密切關係。一般所持的安排方式有下列四種（註15）：

(1) 在本國委託一廣告公司，由其負責在各國購買廣告媒體服務，並刊播廣告。這種方式，較適合中小型國際行銷者採用。

(2) 自行在各國選擇廣告公司，加以利用。這種方式，可能費時費錢，而加不易控制。

(3) 選擇一家大規模的國際性廣告公司，可藉由後者在各國之分公司或聯號公司提供廣告服務。這是多數大型國際企業所採取的方式。

(4) 由一家廣告公司負責和各地區之獨立公司協調，並給予一般原則或方向。

隨着多國公司之增多與重要性增加，許多原屬國內廣告公司，爲能配合客戶之推銷需要，提供較佳服務，乃亦發展爲國際性廣告公

註14 Gordon Miracle, "Organization for International Advertising," From *Marketing and Economic Development*, Proceedings of American Marketing Association, 1965, pp. 163-177.

註15 Cateora and Hess, *op. cit.*, pp. 727-728.

司。所採方式包括購併各國原有之廣告公司，或與之組成合資公司。在這種組織下，遂使國際行銷者有較多機會，採用上述之第（3）種方式。

在於一較有規模之國際企業，其總公司廣告部門、海外事業廣告部門與廣告公司（假定係國際性者）間之關係，可如下圖所示（註16）：

圖 10-3　國際企業之廣告部門的組織

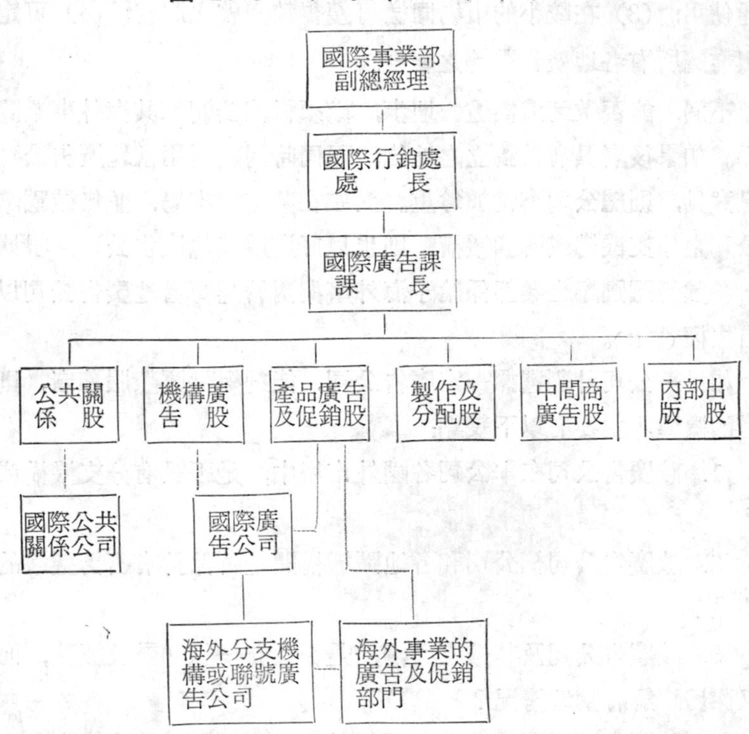

如上圖，總公司內國際廣告課負責選擇及監督一家國際廣告公司，批准後者所提出之廣告計劃。而海外事業中之廣告部門也同樣利用上述國際廣告公司在當地之分支機構或聯號公司。當然，在縱的聯

註16　Gordon E. Miracle, *op. cit.*

繫上，也有其政策和溝通方面的安排，在此不擬詳述。

選擇一家廣告公司以提供國際推銷服務，所考慮的標準也和選擇一家國內廣告公司相似。不過還要加上若干額外考慮：首先，是否利用相同一家廣告公司於國內及國外廣告活動？一極端情況是在所有各市場都委由一家公司提供服務，其優點有：(1) 可交由這家公司負責整個推銷及廣告計劃之協調功能；(2) 所製作之作品可以在各地互相流通使用；(3) 在較小的市場同樣可獲得較完整之服務；(4) 可定期獲得有關所有各地廣告服務之報告。

不過，能否做到這樣這一地步，尚須視總公司和其海外事業間之關係。如果後者具有較獨立之地位，而同時對於選用當地廣告公司有自己意見，則總公司亦常加尊重。又如在某特定市場，並無該國際廣告公司之分支機構或聯號機構，則也只好選用其他廣告公司。根據調查，多數美國國際企業即係給予海外事業對於選擇當地廣告公司以較大自主權(註17)。

如果一公司計劃選擇一家廣告公司，能夠提供國際服務者，則所考慮的標準，主要有以下幾點：

1. 該廣告公司在本公司各國外市場中，是否設有分支機構或聯號？

2. 該廣告公司總公司和各地區機構間是否保持有密切靈敏的溝通關係？

3. 該廣告公司及其分支機構，是否具有一般知識及經驗，而同時又深切瞭解各當地情況？

4. 該廣告公司對於本公司所行銷之產品類別，是否具有豐富經驗？

5. 如本公司向其他市場擴展業務時，這一廣告公司能否繼續提供服務？

註17　Miracle and Albaum, *op. cit.*, pp. 536-537.

第五節　幾種國際推銷方法

在國際推銷活動中，有幾種方法具有特殊重要性。或爲達成一定目的，或爲配合推銷一定階段：例如利用參加商展的機會，可以試探市場反應或尋求可能顧客；利用人員訪問，可以甄選經銷商。爲減輕推銷支出而採取者：例如採取合作廣告，參加政府舉辦商展之類。在本節中，擬對這幾種推銷活動分別給予簡要說明。

（一）合作廣告 (cooperative advertising)

合作廣告這一名詞，在不同場合下常代表不同內容。有時係指由廠商、中間商共同負擔廣告費用；當然，凡是參加者，對於廣告內容、媒體及時間等等，也都有部份決定權。

自廠商立場，推動合作廣告時所擔心者，爲本身所具有之控制程度。尤其像農業機械、汽車之類產品，在各地市場之用途大致相同，更常希望能掌握較多的控制權。故常願提供所設計之廣告作品或其他推銷器材，而給予當地中間商較大權利，選擇具體媒體。

在於開發中國家，有時覺得廣告和促銷費用過高了，乃將聯合國內業者共同進行廣告活動的辦法，也稱之爲「合作廣告(註18)」。例如哥倫比亞咖啡生產者聯盟 (The Federation of Coffee Growers of Columbia) 在美國和歐洲推銷各種品牌的哥倫比亞咖啡，就是採取這種方式。又如以色列柑橘行銷局 (The Citrus Marketing Board of Isreal) 也利用類似方式推銷 Jaffa 柑橘。這種廣告幾乎都是由商會、行銷機構、生產合作社或政府外銷機構負責進行。例如加拿大政府近年爲了想在英國推廣一種以木材爲房屋構架的觀念，就不斷進行一個合作廣

註18　*Getting Started in Export Trade* (Geneva, Switzerland: International Trade Center, UNCTAD/GATT, 1970), pp. 117-118.

告推銷計劃(註19)。

(二) 直接郵件

直接郵件是一公司和國外顧客和中間商間所經常利用的溝通媒介。它可用以爭取定單,寄送樣品或產品資料等各種用途;不過,利用直接郵件以尋求顧客,最感困難的問題之一,卽爲編製一適當之郵寄名册。如果缺乏良好的名册,不是無法投遞,就是不見反應,所投下努力都成白費。一般編製名册的來源有工商名錄,或同業公會會員名册之類。

(三) 人員訪問

推廣國外業務,由公司負責人員親自到有希望的市場進行業務訪問,是一相當必要的步驟。不過對於中小型企業,國外旅行所費不貲,如果決定採取此一步驟,則應儘力使其能夠獲得豐盛的收獲。

首先,應有相當把握,所將訪問的國家,確有銷售自己產品的可能性;譬如:進口管制、關稅、運費、價格之類資料以及本身供應能力,都要先行計算,以免到時由於這些方面的障碍,使前功盡棄。

其次,進行確實的準備工作。譬如安排訪問對象和日程,建立連繫關係,並進一步瞭解所訪問國家之經濟狀況、對外貿易,現行的或未來的發展計劃、主要供應來源、社會習俗之類。有關這方面問題或資料,應儘可能要求各方面協助,如訪問國駐在本國之商務領事人員、銀行、旅行社等。

第三、整理携帶之必須物件,依照預定計劃踏上行程。譬如商業名片、商業信紙信封、工廠照片,刊登廣告樣張等,都是經常必須用

註19　有關此類合作推銷計劃,可參考: *Multinational Product Promotion* (Geneva, Switzerland: ITC UNCTAD/GATT, 1969).

品。如有可能，還可先行寄達一些樣品，以便抵達後取用。爲保持最新的訪問記錄，還可携帶一部輕巧的口錄機 (dictating machine)。如準備租用汽車自行駕駛，還要携帶有國際駕駛執照。

在訪問過程中，要隨時注意保持自己精力，不可過份緊湊以致勞累不堪。稍留空餘時間，以便瞭解當地民情風俗以及商業狀況，甚至休息或遊覽，亦無不可。

第四、事後追踪。回國後，應儘快寫封謝函信給所有在途中接觸過的人；將別人索取的資料，儘快寄出。如果已選擇當地代理商或經銷商，也趕快連繫，提供資料，確定這一關係。有關訪問經過或心得，也應儘快完成，並送供有關單位或人士閱讀或參考。

（四）參加商展

商展 (trade fairs, or trade show) 也是今日國際市場上一極重要之溝通媒體。藉由商展所選擇的時間與地點，吸引買賣雙方到同一地點，互相接觸。在於今日產品繁多，市場範圍廣大的情況下，這種作用是十分需要的。

今日國際性商展，主要可分爲兩類：一爲一般性或水平性商展 (general fairs, or horizontal fairs)，一爲專門性或垂直性商展 (specialized fairs, or vertical fairs)。在前類商展中，展出商品種類繁多可自極專門之機械設備，以至於襯衫、橄欖之類。攤位安排，可依國家別分舘陳列，也可依產品分類——如化學製品、絲織品、鋼鐵製品之類——陳列。

專門性商展所展出的商品，集中於某特定類別或產業，譬如各種包裝材料、用品或機器之展覽。近年來世界上有許多著名之專門性商展，例如美國有一盛大之體育用品展覽，西德有一著名之食品展覽，法國也有一項航空工程展覽，都是經營此等行業國際行銷者所不可錯過的大好機會。許多廠商願意參加專門性商展，因爲參觀者不是一般大衆，而且購買或經銷的可能性較大。不過，也有些廠商先行參加一般性商展，藉以瞭解當地市場狀況，然後再選擇專門性商展參加展出。

根據日內瓦國際貿易中心的研究，參加商展的好處，主要有以下幾項（註20）:

1. 可藉此機會尋找一理想的代理商，在一個或幾個國家代理經銷。

2. 支持當地代理商，增加其銷售產品之機會。

3. 藉機瞭解市場和競爭狀況。譬如和有關人士交換意見，或搜集競爭者有關價格、品質、包裝等資料。

4. 達成交易。例如近年在西德法蘭克福一次商展中，美國參展廠商當場獲得價值 $3,000,000 之定單，洽商中的，更高達美金二千萬元之譜。又如美國商務部設於倫敦之商品陳列館，在不到十年期間內，促成了將近二億美元之交易，其效果可知。

5. 學習銷售和推廣技術。一個新近從事國際行銷或貿易之廠商，由於參加一次商展，如能認眞觀摩學習，所得到的收穫就非金錢所能衡量的了。

註20 *Getting Started in Export Trade, op. cit.* pp. 96-105.

三民大專用書書目

國父遺教

國父思想	涂子麟 著	中山大學
國父思想	周世輔 著	前政治大學
國父思想新論	周世輔 著	前政治大學
國父思想要義	周世輔 著	前政治大學

法　律

中國憲法新論	薩孟武 著	前臺灣大學
中國憲法論	傅肅良 著	中興大學
中華民國憲法論	管　歐 著	東吳大學
中華民國憲法逐條釋義(一)～(四)	林紀東 著	臺灣大學
比較憲法	鄒文海 著	前政治大學
比較憲法	曾繁康 著	臺灣大學
美國憲法與憲政	荆知仁 著	政治大學
國家賠償法	劉春堂 著	輔仁大學
民法概要	鄭玉波 著	臺灣大學
民法概要	董世芳 著	實踐學院
民法總則	鄭玉波 著	臺灣大學
判解民法總則	劉春堂 著	輔仁大學
民法債編總論	鄭玉波 著	臺灣大學
判解民法債篇通則	劉春堂 著	輔仁大學
民法物權	鄭玉波 著	臺灣大學
判解民法物權	劉春堂 著	輔仁大學
民法親屬新論	黃宗樂 等著	臺灣大學
民法繼承新論	黃宗樂 等著	臺灣大學
商事法論	張國鍵 著	臺灣大學
商事法要論	梁宇賢 著	中興大學
公司法	鄭玉波 著	臺灣大學
公司法論	柯芳枝 著	臺灣大學

公司法論	梁宇賢	著	中興大學
票據法	鄭玉波	著	臺灣大學
海商法	鄭玉波	著	臺灣大學
海商法論	梁宇賢	著	中興大學
保險法論	鄭玉波	著	臺灣大學
民事訴訟法釋義	石志泉 原著 楊建華 修訂		輔仁大學
破產法	陳榮宗	著	臺灣大學
破產法論	陳計男	著	行政法院
刑法總整理	曾榮振	著	臺中地院
刑法總論	蔡墩銘	著	臺灣大學
刑法各論	蔡墩銘	著	臺灣大學
刑法特論（上）（下）	林山田	著	政治大學
刑事政策（修訂版）	張甘妹	著	臺灣大學
刑事訴訟法論	黃東熊	著	中興大學
刑事訴訟法論	胡開誠	著	臺灣大學
行政法（改訂版）	林紀東	著	臺灣大學
行政法	張家洋	著	政治大學
行政法之基礎理論	城仲模	著	中興大學
犯罪學	林山田	等著	政治大學等
監獄學	林紀東	著	臺灣大學
土地法釋論	焦祖涵	著	東吳大學
土地登記之理論與實務	焦祖涵	著	東吳大學
引渡之理論與實踐	陳榮傑	著	外交部
國際私法	劉甲一	著	臺灣大學
國際私法新論	梅仲協	著	前臺灣大學
國際私法論叢	劉鐵錚	著	政治大學
現代國際法	丘宏達	等著	馬利蘭大學等
現代國際法基本文件	丘宏達	編	馬利蘭大學
平時國際法	蘇義雄	著	中興大學
中國法制史	戴炎輝	著	臺灣大學
法學緒論	鄭玉波	著	臺灣大學
法學緒論	孫致中	著	各大專院校

強制執行法　陳榮宗 著　臺灣大學
法院組織法論　管歐 著　東吳大學

政治・外交

政治學　薩孟武 著　前臺灣大學
政治學　鄒文海 著　前政治大學
政治學　曹伯森 著　陸軍官校
政治學　呂亞力 著　臺灣大學
政治學概要　張金鑑 著　政治大學
政治學方法論　呂亞力 著　臺灣大學
政治理論與研究方法　易君博 著　政治大學
公共政策概論　朱志宏 著　臺灣大學
公共政策　曹俊漢 著　臺灣大學
公共政策　朱志宏 著　臺灣大學
公共關係　王德馨 等著　交通大學
中國社會政治史(一)～(四)　薩孟武 著　前臺灣大學
中國政治思想史　薩孟武 著　前臺灣大學
中國政治思想史（上）（中）（下）　張金鑑 著　政治大學
西洋政治思想史　張金鑑 著　政治大學
西洋政治思想史　薩孟武 著　前臺灣大學
中國政治制度史　張金鑑 著　政治大學
比較主義　張亞澐 著　政治大學
比較監察制度　陶百川 著　國策顧問
歐洲各國政府　張金鑑 著　政治大學
美國政府　張金鑑 著　政治大學
地方自治概要　管歐 著　東吳大學
國際關係——理論與實踐　朱張碧珠 著　臺灣大學
中美早期外交史　李定一 著　政治大學
現代西洋外交史　楊逢泰 著　政治大學

行政・管理

行政學（增訂版）　張潤書 著　政治大學
行政學　左潞生 著　中興大學
行政學新論　張金鑑 著　政治大學

行政管理學	傅肅良 著	中興大學
行政生態學	彭文賢 著	中興大學
各國人事制度	傅肅良 著	中興大學
考詮制度	傅肅良 著	中興大學
交通行政	劉承漢 著	成功大學
組織行爲管理	龔平邦 著	前逢甲大學
行爲科學概論	龔平邦 著	前逢甲大學
行爲科學與管理	徐木蘭 著	臺灣大學
組織行爲學	高尚仁 等著	香港大學
組織原理	彭文賢 著	中興大學
實用企業管理學	解宏賓 著	中興大學
企業管理	蔣靜一 著	逢甲大學
企業管理	陳定國 著	臺灣大學
國際企業論	李蘭甫 著	中文大學
企業政策	陳光華 著	交通大學
企業概論	陳定國 著	臺灣大學
管理新論	謝長宏 著	交通大學
管理概論	郭崑謨 著	中興大學
管理個案分析	郭崑謨 著	中興大學
企業組織與管理	郭崑謨 著	中興大學
企業組織與管理（工商管理）	盧宗漢 著	中興大學
現代企業管理	龔平邦 著	前逢甲大學
現代管理學	龔平邦 著	前逢甲大學
事務管理手册	新聞局 著	
生產管理	劉漢容 著	成功大學
管理心理學	湯淑貞 著	成功大學
管理數學	謝志雄 著	東吳大學
品質管理	戴久永 著	交通大學
可靠度導論	戴久永 著	交通大學
人事管理（修訂版）	傅肅良 著	中興大學
作業研究	林照雄 著	輔仁大學
作業研究	楊超然 著	臺灣大學
作業研究	劉一忠 著	舊金山州立大學

系統分析	陳　進　著	前聖瑪麗大學

社　會

社會學	蔡文輝　著	印第安那大學
社會學	龍冠海　著	前臺灣大學
社會學	張華葆　主編	東海大學
社會學理論	蔡文輝　著	印第安那大學
社會學理論	陳秉璋　著	政治大學
社會心理學	劉安彥　著	傑克遜州立大學
社會心理學	張華葆　著	東海大學
社會心理學	趙淑賢　著	安柏拉校區
社會心理學理論	張華葆　著	東海大學
政治社會學	陳秉璋　著	政治大學
醫療社會學	廖榮利　等著	臺灣大學
組織社會學	張笠雲　著	臺灣大學
人口遷移	廖正宏　著	臺灣大學
社區原理	蔡宏進　著	臺灣大學
人口教育	孫得雄　編著	東海大學
社會階層化與社會流動	許嘉猷　著	臺灣大學
社會階層	張華葆　著	東海大學
西洋社會思想史	張承漢　等著	臺灣大學
中國社會思想史（上）（下）	張承漢　著	臺灣大學
社會變遷	蔡文輝　著	印第安那大學
社會政策與社會行政	陳國鈞　著	中興大學
社會福利行政（修訂版）	白秀雄　著	臺灣大學
社會工作	白秀雄　著	臺灣大學
社會工作管理	廖榮利　著	臺灣大學
團體工作：理論與技術	林萬億　著	臺灣大學
都市社會學理論與應用	龍冠海　著	前臺灣大學
社會科學概論	薩孟武　著	前臺灣大學
文化人類學	陳國鈞　著	中興大學

勞工問題	陳國鈞	著	中興大學
少年犯罪心理學	張華葆	著	東海大學
少年犯罪預防及矯治	張華葆	著	東海大學

教　育

教育哲學	賈馥茗	著	臺灣師大
教育哲學	葉學志	著	彰化教院
普通教學法	方炳林	著	前臺灣師大
各國教育制度	雷國鼎	著	臺灣師大
教育心理學	溫世頌	著	傑克遜州立大學
教育心理學	胡秉正	著	政治大學
教育社會學	陳奎憙	著	臺灣師大
教育行政學	林文達	著	政治大學
教育行政原理	黃文輝	主譯	臺灣師大
教育經濟學	蓋浙生	著	臺灣師大
教育經濟學	林文達	著	政治大學
工業教育學	袁立錕	著	彰化教院
技術職業教育行政與視導	張天津	著	臺灣師大
技職教育測量與評鑑	李大偉	著	臺灣師大
高科技與技職教育	楊啟棟	著	臺灣師大
工業職業技術教育	陳昭雄	著	臺灣師大
技術職業教育教學法	陳昭雄	著	臺灣師大
技術職業教育辭典	楊朝祥	編著	臺灣師大
技術職業教育理論與實務	楊朝祥	著	臺灣師大
工業安全衛生	羅文基	著	
人力發展理論與實施	彭台臨	著	臺灣師大
職業教育師資培育	周談輝	著	臺灣師大
家庭教育	張振宇	著	淡江大學
教育與人生	李建興	著	臺灣師大
當代教育思潮	徐南號	著	臺灣師大
比較國民教育	雷國鼎	著	臺灣師大
中等教育	司琦	著	政治大學
中國教育史	胡美琦	著	文化大學

中國現代教育史	鄭世興 著	臺灣師大
中國大學教育發展史	伍振鷟 著	臺灣師大
中國職業教育發展史	周談輝 著	臺灣師大
社會教育新論	李建興 著	臺灣師大
中國社會教育發展史	李建興 著	臺灣師大
中國國民教育發展史	司　琦 著	政治大學
中國體育發展史	吳文忠 著	臺灣師大
如何寫學術論文	宋楚瑜 著	臺灣大學
論文寫作研究	段家鋒 等著	政戰學校等

心理學

心理學	劉安彥 著	傑克遜州立大學
心理學	張春興 等著	臺灣師大等
人事心理學	黃天中 著	淡江大學
人事心理學	傅肅良 著	中興大學

經濟・財政

西洋經濟思想史	林鐘雄 著	臺灣大學
歐洲經濟發展史	林鐘雄 著	臺灣大學
比較經濟制度	孫殿柏 著	政治大學
經濟學原理（增訂新版）	歐陽勛 著	政治大學
經濟學導論	徐育珠 著	南康涅狄克州立大學
經濟學概要	歐陽勛 等著	政治大學
通俗經濟講話	邢慕寰 著	前香港大學
經濟學（增訂版）	陸民仁 著	政治大學
經濟學概論	陸民仁 著	政治大學
國際經濟學	白俊男 著	東吳大學
國際經濟學	黃智輝 著	東吳大學
個體經濟學	劉盛男 著	臺北商專
總體經濟分析	趙鳳培 著	政治大學
總體經濟學	鐘甦生 著	西雅圖銀行
總體經濟學	張慶輝 著	政治大學
總體經濟理論	孫　震 著	臺灣大學

數理經濟分析	林大侯 著	臺灣大學
計量經濟學導論	林華德 著	臺灣大學
計量經濟學	陳正澄 著	臺灣大學
經濟政策	湯俊湘 著	中興大學
合作經濟概論	尹樹生 著	中興大學
農業經濟學	尹樹生 著	中興大學
工程經濟	陳寬仁 著	中正理工學院
銀行法	金桐林 著	華南銀行
銀行法釋義	楊承厚 著	銘傳管理學院
商業銀行實務	解宏賓 編著	中興大學
貨幣銀行學	何偉成 著	中正理工學院
貨幣銀行學	白俊男 著	東吳大學
貨幣銀行學	楊樹森 著	文化大學
貨幣銀行學	李穎吾 著	臺灣大學
貨幣銀行學	趙鳳培 著	政治大學
現代貨幣銀行學	柳復起 著	新南威爾斯大學
現代國際金融	柳復起 著	新南威爾斯大學
國際金融理論與制度（修訂版）	歐陽勛等編著	政治大學
金融交換實務	李麗 著	中央銀行
財政學	李厚高 著	逢甲大學
財政學（修訂版）	林華德 著	臺灣大學
財政學原理	魏萼 著	臺灣大學
商用英文	張錦源 著	政治大學
商用英文	程振粵 著	臺灣大學
貿易契約理論與實務	張錦源 著	政治大學
貿易英文實務	張錦源 著	政治大學
信用狀理論與實務	蕭啟賢 著	輔仁大學
信用狀理論與實務	張錦源 著	政治大學
國際貿易	李穎吾 著	臺灣大學
國際貿易實務詳論	張錦源 著	政治大學
國際貿易實務	羅慶龍 著	逢甲大學

國際貿易理論與政策（修訂版）	歐陽勛等編著	政治大學
國際貿易政策概論	余德培　著	東吳大學
國際貿易論	李厚高　著	逢甲大學
國際商品買賣契約法	鄧越今　編著	外貿協會
國際貿易法概要	于政長　著	東吳大學
國際貿易法	張錦源　著	政治大學
外匯投資理財與風險	李　麗　著	中央銀行
外匯、貿易辭典	于政長　編著 張錦源　校訂	東吳大學 政治大學
貿易實務辭典	張錦源　編著	政治大學
貿易貨物保險（修訂版）	周詠棠　著	中央信託局
貿易慣例	張錦源　著	政治大學
國際匯兌	林邦充　著	政治大學
國際行銷管理	許士軍　著	新加坡大學
國際行銷	郭崑謨　著	中興大學
行銷管理	郭崑謨　著	中興大學
海關實務（修訂版）	張俊雄　著	淡江大學
美國之外匯市場	于政長　譯	東吳大學
保險學（增訂版）	湯俊湘　著	中興大學
人壽保險學（增訂版）	宋明哲　著	德明商專
人壽保險的理論與實務	陳雲中　編著	臺灣大學
火災保險及海上保險	吳榮清　著	文化大學
市場學	王德馨　等著	中興大學
行銷學	江顯新　著	中興大學
投資學	龔平邦　著	前逢甲大學
投資學	白俊男　等著	東吳大學
海外投資的知識	葉雲鎮　等譯	
國際投資之技術移轉	鍾瑞江　著	東吳大學

會計・統計・審計

銀行會計（上）（下）	李兆萱　等著	臺灣大學等
初級會計學（上）（下）	洪國賜　著	淡水工商
中級會計學（上）（下）	洪國賜　著	淡水工商
中等會計（上）（下）	薛光圻　等著	西東大學等

會計辭典	龍毓聃 譯	
會計學(上)(下)	幸世間 著	臺灣大學
會計學題解	幸世間 著	臺灣大學
成本會計(上)(下)	洪國賜 著	淡水工商
成本會計	盛禮約 著	淡水工商
政府會計	李增榮 著	政治大學
政府會計	張鴻春 著	臺灣大學
稅務會計	卓敏枝 等著	臺灣大學等
財務報表分析	洪國賜 等著	淡水工商等
財務報表分析	李祖培 著	中興大學
財務管理	張春雄 著	政治大學
財務管理(增訂新版)	黃柱權 著	政治大學
商用統計學(修訂版)	顏月珠 著	臺灣大學
商用統計學	劉一忠 著	舊金山州立大學
統計學(修訂版)	柴松林 著	政治大學
統計學	劉南溟 著	前臺灣大學
統計學	張浩鈞 著	臺灣大學
統計學	楊維哲 著	臺灣大學
統計學	顏月珠 著	臺灣大學
統計學題解	顏月珠 著	臺灣大學
推理統計學	張碧波 著	銘傳管理學院
應用數理統計學	顏月珠 著	臺灣大學
統計製圖學	宋汝濬 著	臺中商專
統計概念與方法	戴久永 著	交通大學
審計學	殷文俊 等著	政治大學
商用數學	薛昭雄 著	政治大學
商用數學(含商用微積分)	楊維哲 著	臺灣大學
線性代數(修訂版)	謝志雄 著	東吳大學
商用微積分	何典恭 著	淡水工商
微積分	楊維哲 著	臺灣大學
微積分(上)(下)	楊維哲 著	臺灣大學
大二微積分	楊維哲 著	臺灣大學

機率導論　　戴久永　著　交通大學

新　聞

傳播研究方法總論　　楊孝濚　著　東吳大學
傳播研究調查法　　蘇　蘅　著　輔仁大學
傳播原理　　方蘭生　著　文化大學
行銷傳播學　　羅文坤　著　政治大學
國際傳播　　李　瞻　著　政治大學
國際傳播與科技　　彭　芸　著　政治大學
廣播與電視　　何貽謀　著　輔仁大學
廣播原理與製作　　于洪海　著　中廣
電影原理與製作　　梅長齡　著　前文化大學
新聞學與大眾傳播學　　鄭貞銘　著　文化大學
新聞採訪與編輯　　鄭貞銘　著　文化大學
新聞編輯學　　徐　旭　著　新生報
採訪寫作　　歐陽醇　著　臺灣師大
評論寫作　　程之行　著　紐約日報
新聞英文寫作　　朱耀龍　著　前文化大學
小型報刊實務　　彭家發　著　政治大學
廣告學　　顏伯勤　著　輔仁大學
媒介實務　　趙俊邁　著　東吳大學
中國新聞傳播史　　賴光臨　著　政治大學
中國新聞史　　曾虛白　主編
世界新聞史　　李　瞻　著　政治大學
新聞學　　李　瞻　著　政治大學
新聞採訪學　　李　瞻　著　政治大學
新聞道德　　李　瞻　著　政治大學
電視制度　　李　瞻　著　政治大學
電視新聞　　張　勤　著　中視文化公司
電視與觀眾　　曠湘霞　著　政治大學
大眾傳播理論　　李金銓　著　明尼西達大學
大眾傳播新論　　李茂政　著　政治大學

大眾傳播與社會變遷	陳世敏	著	政治大學
組織傳播	鄭瑞城	著	政治大學
政治傳播學	祝基瀅	著	
文化與傳播	汪　琪	著	政治大學

歷史・地理

中國通史（上）（下）	林瑞翰	著	臺灣大學
中國現代史	李守孔	著	臺灣大學
中國近代史	李守孔	著	臺灣大學
中國近代史	李雲漢	著	政治大學
中國近代史（簡史）	李雲漢	著	政治大學
中國近代史	古鴻廷	著	東海大學
隋唐史	王壽南	著	政治大學
明清史	陳捷先	著	臺灣大學
黃河文明之光	姚大中	著	東吳大學
古代北西中國	姚大中	著	東吳大學
南方的奮起	姚大中	著	東吳大學
中國世界的全盛	姚大中	著	東吳大學
近代中國的成立	姚大中	著	東吳大學
西洋現代史	李邁先	著	臺灣大學
東歐諸國史	李邁先	著	臺灣大學
英國史綱	許介鱗	著	臺灣大學
印度史	吳俊才	著	政治大學
日本史	林明德	著	臺灣師大
日本現代史	許介鱗	著	臺灣大學
近代中日關係史	林明德	著	臺灣師大
美洲地理	林鈞祥	著	臺灣師大
非洲地理	劉鴻喜	著	臺灣師大
自然地理學	劉鴻喜	著	臺灣師大
地形學綱要	劉鴻喜	著	臺灣師大
聚落地理學	胡振洲	著	中興大學
海事地理學	胡振洲	著	中興大學
經濟地理	陳伯中	著	前臺灣大學
都市地理學	陳伯中	著	前臺灣大學